カラー版

# 忘れてしまった高校の生物を復習する本

大森 徹
Toru Omori

## はじめに

　最近、新聞でも TV でも生物に関する難解なニュースがたくさん流れます。DNA、ゲノム、遺伝子組換え、プリオン、海馬、クローン、ES 細胞、iPS 細胞、環境ホルモン……これらのニュースを理解するためには高校で学ぶ生物の知識が必要です。

　ところが「高校の生物はおもしろくなかった」「高校の生物はただ覚えるだけで、何も頭に残っていない」、あるいは「高校では生物を学ばなかった」といった声をよく耳にします。

　そして、生物や人体についての誤った知識やデマなどもよく耳にします。

　私は、日ごろは予備校で受験のための生物を教えています。

　受験のための生物なんて、高校での授業よりもっと無味乾燥なものだろうと思われがちですが、生徒からは「予備校で学んで初めて生物がおもしろいと思った」「生物に興味がわいてきた」という感想をもらっています。

　そうなんです！　**ちょっとしたきっかけさえつかめば、本当は生物はとてもおもしろいものなんです。**

　そして、**高校で学ぶ生物の知識さえあれば、冒頭にあげたようなニュースも正しく理解でき、デマや迷信に踊らされることもない**はずなのです。

　そのような生物のおもしろさを知ってもらえるきっかけになれば、という思いでこの本を書きました。

　高校で学んだ生物を忘れてしまったという人だけでなく、高校で生物を勉強しなかった人にも、また、高校での生物が嫌い

だった人にも、ぜひ読んでいただければと思います。

また、これから生物を学ぶ高校生や受験生、受験では生物を勉強しないで医療・看護系の学部・学科に進学した大学生にも、生物の概要がつかめる入門書として利用してもらえると思います。

最後に、この本を執筆する機会を与えてくださった中経出版の山川徹さん、難しい注文にもめげずかわいいイラストを描いてくださった角愼作さん、ありがとうございました。

そして、子供のころに生物を好きになるきっかけをつくってくれた母（玲子）に、小児科医として生命に対する真摯な姿勢を教えてくれた父（善也）に、すべての原稿に目を通してアドバイスしてくれた愛妻（幸子）に、いつも音楽で心を和ませてくれる愛娘（香奈）に、足元と手元で見守ってくれた愛犬（来夢と香音）と愛猫（美来）にも感謝したいと思います。

この本をきっかけに、生物への興味をもってもらえれば、最高に幸せです。

2011年6月

大森　徹

# この本の構成について

### 細胞

「第1章　生命の最小単位」では、生物とはいったいどのようなものか、という生物の定義と、生物の最小単位である細胞について見ていきます。

### 代謝

「第2章　身体の中で起こる化学反応」では、細胞内で行なわれるさまざまな化学反応、代謝について見ていきます。まず、それらの化学反応に必要な「酵素」の話、そしてその酵素を使って行なわれる「呼吸」「光合成」のしくみをわかりやすく説明してあります。

### 生命の連続性

「第3章　子供のつくり方！？」では、いろいろな「生殖」の方法を見ていきます。我々ヒトとは違う子供のつくり方を見たり、今騒がれているクローン生物やプリオンについても説明してあります。

「第4章　カエルの子はカエル」では、遺伝の話が登場します。耳垢や血液型の遺伝など身近な遺伝を材料にわかりやすく説明してあります。クイズもあるので挑戦してみてください。

「第5章　生命の設計図」では、近年発展の目覚ましい分子生物学についての話が登場します。DNA、ゲノム、遺伝子組換え生物などホットな話題を見ていきましょう。

### 恒常性

「第6章　身体中をめぐる輸送システム」では、血液やホルモンについて説明してあります。血が固まるしくみや免疫のしくみ、血液

型の違いなど、じつはとても身近な話です。さらにエイズについても触れてあります。

「第7章　生物のスーパーコンピューター」では、神経や脳の働きについて説明してあります。脳の働きについての研究も、今とても注目されている分野です。

「第8章　生物の超能力」では、行動についての興味深い話が登場します。ミツバチやイトヨのダンス、動物どうしの助け合いやだまし合いの関係を見ていきます。さらに、意外に知られていない植物の運動についても説明してあります。

### 進 化

「第9章　38億年の歴史」では、進化の話が登場します。生命の誕生から、大昔栄えていた不思議な生物の話、進化のしくみについてなど、はるか太古のロマンをかきたてる話題が満載です。

### 生 態

「第10章　地球の一員としてのヒト」は、生態についての話です。生物濃縮、オゾンホール、地球温暖化、環境ホルモンなど、真剣に取り組まなければいけないさまざまな問題があります。ヒトという生物だけでなく、地球に生きるすべての生物の生命を次世代につないでいくためにも、これらの問題に一人ひとりが関心をもつことから始めなければいけないと思います。

このように、高校で学ぶ生物は非常に多岐にわたっています。分子レベルのミクロな話から地球全体を見ていくマクロな話まで、ぜひ生物のおもしろさ、生命のすばらしさの一端を感じてもらいたいと思います。それが、生命軽視の風潮にストップをかけることにもなると信じています。まずは生物に関心をもつことが必要です。だって我々も生物なのですから。

# Contents ...

はじめに ・・・・・・・・・・・・・・・・・・・・・・・・・・・・・・・・・・・・・・・・・・・・・・・ 2
この本の構成について ・・・・・・・・・・・・・・・・・・・・・・・・・・・・・・・・ 4

## 第1章 生命の最小単位 〜細胞〜

### その1 生物の定義ってあるの？ ・・・・・・・・・・・・・・・・・・・・・・・ 16

生物と無生物　16／生物の定義　17／ウイルス　19／まとめ　20

### その2 細胞の中には何があるの？ ・・・・・・・・・・・・・・・・・・・ 21

細胞小器官　21／核　—設計図管理室—　21／ミトコンドリア　—発電所—　22／葉緑体　—ブドウ糖合成の工場—　24／小胞体　—細胞内に張りめぐらされた道路—　25／リボソーム　—タンパク質合成の工場—　25／ゴルジ体　—郵便局の配送センター—　26／液胞　—倉庫—　27／リソソーム　—ゴミ焼却炉—　28／ペルオキシソーム　—危険物処理場—　28／まとめ　30

### その3 細胞にもいろいろあるの？ ・・・・・・・・・・・・・・・・・・・ 31

卵細胞　31／精子　32／神経細胞　32／筋肉細胞　33／赤血球　35／骨細胞　36／真核生物　37／原核生物　38／まとめ　40

## 第2章 身体の中で起こる化学反応 〜代謝〜

### その1 酵素って何？ ……………………………… 42

酵素パワー 42／酵素は仲人 42／酵素は頑固者 44／酵素は軟弱 45／消化のしくみ 47／いろいろな酵素 50／まとめ 52

### その2 息を吸ったり吐いたりしない呼吸とは？ ……… 53

呼吸の意味 53／乳酸発酵 54／解糖 55／アルコール発酵 56／好気呼吸（酸素呼吸） 58／PTAの逆立ち？ 59／ATPはお金 60／まとめ 62

### その3 ごはんを食べなくても生きられる？ …………… 63

動物は呼吸、植物は光合成？ 63／なぜ葉は緑色？ 64／光合成のしくみ① 66／光合成のしくみ② 67／細胞の中に別の生き物？ 68／光がなくてもブドウ糖をつくる生物？ 70／まとめ 72

## 第3章 子供のつくり方!?  〜生殖〜

### その1 雄も雌もいらない子づくりの方法とは？ ……… 74

子供のつくり方 74／分裂 74／出芽 75／栄養生殖 76／胞子生殖 77／無性生殖と有性生殖 78／お父さん

のいらない有性生殖？！ 78／ミツバチの社会 80／もっと寂しい雄…… 82／まとめ 83

### その2 クローン生物はなぜ騒がれるの？ ･･････････ 84

精子と卵の出会い 84／卵割 85／分化のなぞ 86／クローンカエル 87／クローン羊ドリー 90／クローン人間 91／再び分化のなぞ 92／万能細胞 93／iPS細胞 95／まとめ 96

### その3 ウイルスはどうやって増えるの？ ･･････････ 97

ウイルス 97／$T_2$ファージとは 97／$T_2$ファージの子づくり 98／ウイルスは原始的？ 100／プリオンって？ 100／プリオンはどうやって増える？ 101／頑丈なプリオン 102／まとめ 103

## 第4章 カエルの子はカエル　～遺 伝～

### その1 なぜ遺伝するの？ ････････････････････････ 106

ペアの染色体 106／耳垢も遺伝する！ 107／優れているわけではないのに優性？ 108／子供から孫へ 110／遺伝子を記号で表してみよう！ 112／まとめ 116

### その2 身近な遺伝を教えて！ ･･････････････････ 117

ABO式血液型 117／Rh式血液型 120／性の決め方

121／男女の産み分け　122／性に伴う遺伝　124／まとめ　127

### その3 トンビがタカを生む？ ･････････････････････････ 128

兄弟姉妹でも違うのは？　128／染色体の乗換え　130／突然変異は設計図のミス？　131／突然変異と進化　133／タネナシスイカのタネ？　133／まとめ　136

## 第5章 生命の設計図　〜DNA〜

### その1 ゲノムって何？ ･･･････････････････････････････ 138

設計図の文字　138／遺伝子とは？　139／ゲノムとは？　140／ヒトゲノム計画　142／まとめ　144

### その2 設計図はどうやって読むの？ ････････････････ 145

DNAの構造　145／設計図の一部をコピー　146／もうひとつの核酸、RNA　147／DNAからRNAへ　147／アミノ酸を運ぶRNA　149／いよいよタンパク質合成　149／暗号解読　151／まとめ　155

### その3 遺伝子組換えってどうするの？ ･･････････････ 156

遺伝子組換え生物　156／遺伝子組換えに使う道具　157／遺伝子組換え生物のつくり方　158／遺伝子組換え作物は安全か？　160／まとめ　162

## 第6章 身体中をめぐる輸送システム ～血液～

### その1 なぜ血液は必要なの？ ・・・・・・・・・・・・・・・・・・・・・・・・・164

血液とは？ 164／赤血球 164／血小板 166／白血球 169／血漿 170／まとめ 172

### その2 エイズはなぜ怖い？ ・・・・・・・・・・・・・・・・・・・・・・・・・・・173

免疫システムの破壊 173／免疫のしくみ 173／体液性免疫 174／抗体 175／免疫記憶 176／細胞性免疫 177／エイズの恐ろしさ 178／T細胞養成所 179／アレルギー 180／ABO式血液型の調べ方 181／先天的な免疫 183／まとめ 184

### その3 ホルモンって何？ ・・・・・・・・・・・・・・・・・・・・・・・・・・・・185

ホルモンと受容体 185／インスリンの働き 186／チロキシン 188／糖質コルチコイド 191／恒常性 191／まとめ 192

## 第7章 生物のスーパーコンピューター ～脳～

### その1 ニューロンの動き ・・・・・・・・・・・・・・・・・・・・・・・・・・・194

神経の最小単位 194／刺激の伝わり方① 195／刺激の伝わり方② 196／神経系の脇役 198／脳は大食漢

199／まとめ　200

### その2 どんな神経があるの？ ･･････････････････････ 201

中枢神経と末梢神経　201／体性神経　201／膝蓋腱反射　202／感覚が生じるまで　204／自律神経　205／まとめ　207

### その3 脳の働きは？ ･･･････････････････････････････ 208

脳の種類　208／大脳新皮質　208／大脳辺縁系　211／脳幹　212／小脳　213／まとめ　214

## 第8章 生物の超能力　～行　動～

### その1 ミツバチの8の字ダンスって？ ･･･････････････ 216

ミツバチ　216／ミツバチの8の字ダンス　216／信号刺激　220／イトヨのジグザグダンス　222／フェロモン　223／まとめ　225

### その2 生物たちの助け合いとだまし合い ･･･････････ 226

生物どうしの関係　226／動物どうしの相利共生　226／動物と微生物の相利共生　228／植物と微生物との相利共生　229／片利共生　230／擬態　231／掃除夫と詐欺師　233／まとめ　236

### その3 植物も運動する？ ・・・・・・・・・・・・・・・・・・・・・・・・・・・・・ 237

植物の運動 237／花の開閉運動 237／茎の屈曲運動 238／つるが巻き付くのは？ 239／オーキシン 240／ジベレリン 241／エチレン 242／その他の植物ホルモン 243／光周性 243／長日植物 244／中性植物 244／まとめ 246

## 第9章 38億年の歴史 〜進　化〜

### その1 昔はどんな生物がいたの？ ・・・・・・・・・・・・・・・・・・・248

最初の生物 248／コアセルベート説 248／ミラーの実験 249／熱水噴出孔 250／生命の歴史　超ダイジェスト版　—先カンブリア時代— 251／—古生代その１— 253／—古生代その２— 254／—中生代— 255／—新生代— 256／まとめ 257

### その2 本当に進化したの？ ・・・・・・・・・・・・・・・・・・・・・・・・・・258

サルが進化してヒトになる？ 258／化石に見る進化の痕跡 258／現在の生物に見る進化の痕跡① —相同器官— 259／② —相似器官— 260／③ —痕跡器官— 261／発生の途中に見る進化の痕跡 262／中間型生物に見る進化の痕跡 263／まとめ 265

### その3 進化はどうやって起こるの？ ・・・・・・・・・・・・・・・・266

進化論 266／用・不用の説　—ラマルク— 266／自然

選択説 —ダーウィン— 268／突然変異説 —ド・フリース— 270／定向進化説 —アイマー、コープ— 271／現代の進化論 —総合説— 272／まとめ 274

# 第10章 地球の一員としてのヒト ～環　境～

## その1 環境ホルモンって？ ………………………… 276

環境ホルモン 276／『奪われし未来』 276／女性ホルモン 278／環境ホルモンの作用 278／生物濃縮 279／ダイオキシン 281／環境ホルモンは超微量で働く 282／まとめ 284

## その2 地球温暖化はなぜ起こるの？ ……………… 285

地球温暖化 285／温室効果 286／温室効果ガス 287／エルニーニョ現象 288／海面上昇 289／オゾンホール 290／まとめ 292

## その3 これからの生物学 …………………………… 293

生態系のバランス 293／生物の多様性 295／絶滅 295／これからの生物学 296／最後に 297／まとめ 298

さくいん 299

本文イラスト：角　愼作
本文デザイン：新田由起子（ムーブ）

＊本書は、弊社既刊『忘れてしまった　高校の生物を復習する本』を一部改訂したカラー版です。

# 生命の最小単位
―― 細 胞 ――

| その1 | 生物の定義ってあるの？ |
| --- | --- |
| その2 | 細胞の中には何があるの？ |
| その3 | 細胞にもいろいろあるの？ |

## その1 生物の定義ってあるの?

### 生物と無生物

　これを読んでいるあなたはもちろん生き物です。これを書いている私も生き物です。これを書いている（正確にはワープロで打っているんですが）横で寝ている犬（愛称はラムです）も生き物です。窓から見えるジンチョウゲの花も生き物です。でもワープロは生き物ではありません。この本も生き物ではありません。

　では、なぜあなたは生き物なのに、本は生き物ではなく無生物なのでしょう？
　「そりゃあ、本は動かないじゃん！　生き物は動くんだよ」
　では、自動車は動くのになぜ生き物ではないのですか？
　植物は動かないのになぜ生き物なのですか？

鉄腕アトムは（古い！）なぜヒトのような形をして、動いたりしゃべったりするのにロボットであって生き物ではないのでしょう？
　そうやって考えると、**生物と無生物の境界線**を定義づけするのはだんだん難しくなってきますね。

### 生物の定義

　残念ながら、厳密に生物と無生物を分けることは非常に困難です。とりあえず、大ざっぱには次のような特徴をすべてもっているものを生物としています。

① **細胞**でできていること。
② **酵素**をもち、**代謝**が行なえること。
③ **核酸**をもち、**自己複製**できること。
④ 刺激に対して反応できること。

　①の細胞についてはすぐあとで見ていきますが、**生物を構成する最小単位が細胞**です。
　アメーバやゾウリムシのようにたった１個の細胞でできているものもあれば、我々のようにたくさんの細胞からできている生物もいますが、すべての生物は細胞からできています。
　②の代謝については第２章で見ていきますが、**生きていくために必要な物質を取り込んで、これを分解したり合成したりする化学反応のことを代謝といいます**。

すべての生物はこの代謝を行なっています。逆に死んでしまうと、代謝も止まってしまいます。
　③にあるように、生物で最も重要な特徴はこの自己複製できるということでしょう。簡単にいえば自分の子孫をつくることです。だから、いくら刺激に対して反応できても、鉄腕アトムは細胞ではできていないし、それよりも結婚して子供をつくったりしないので、生物ではないのです（鉄腕アトムの子づくりなんてあまり想像したくないですが……）。
　核酸については第5章で見ていきますが、その生物がどんな生物なのかを記した設計図だと思っていてください。もちろん複製するためには設計図がないといけないのは当然です。
　④は文字どおり、外界からの刺激に対して何らかの反応を示すことです。
　よくドラマで、死んでしまったかどうかを確認するためにお医者さんが、目に懐中電灯の光を当ててから「――ご臨終です」というシーンがありますが、これは瞳(ひとみ)の反応を見ているのです。

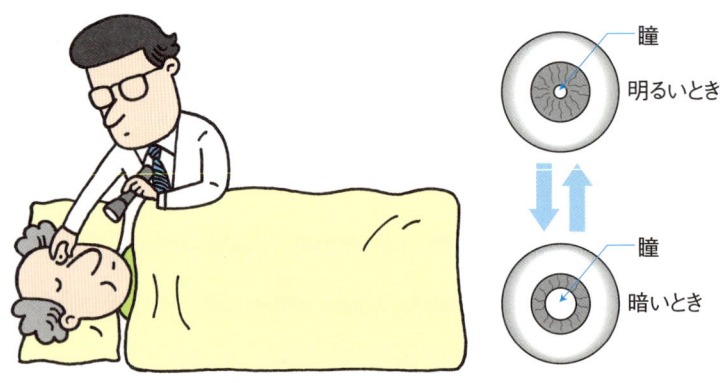

明るいと瞳が小さくなり、暗いと瞳が大きくなりますが、死んでしまうとこの反応が起こらなくなるので、生死の判定のひとつとして利用しているのですね。
　もちろんこういった反応には第7章で見ていく神経などが関係しています。

### ウイルス

　でも、この定義をもってしてもあいまいなものがいます。
　それが**ウイルス**です。インフルエンザやはしか、エイズなどの病気の原因になるヤツです。
「え〜?! ウイルスもいろいろなばい菌(きん)と同じで生き物だと思ってた。ウイルスって生きていないの?」という人も、多いかもしれませんね。
　ところがこの**ウイルスというヤツは、細胞でできているのではないのです。さらに、単独ではウイルスは代謝を行なうこともありません。**
　また、刺激に対して反応もしません。そういう意味では無生物なのです。
　ところが、ところがです！　何と不思議なことに**自己複製が行なえるのです**（どうやってウイルスが子孫をつくるのかは第3章で見ていきます）。
　したがってウイルスは、生物と無生物の中間的な存在と考えられています。

## その1のまとめ：生物の定義

1. 細胞でできている。 ➡ 詳細は第1章その2
2. 酵素をもち、代謝が行なえる。 ➡ 詳細は第2章
3. 核酸をもち、自己複製できる。 ➡ 詳細は第3～5章
4. 刺激に対して反応できる。 ➡ 詳細は第6～7章

※ウイルスのように、定義に当てはまらない中間的なものも存在する。

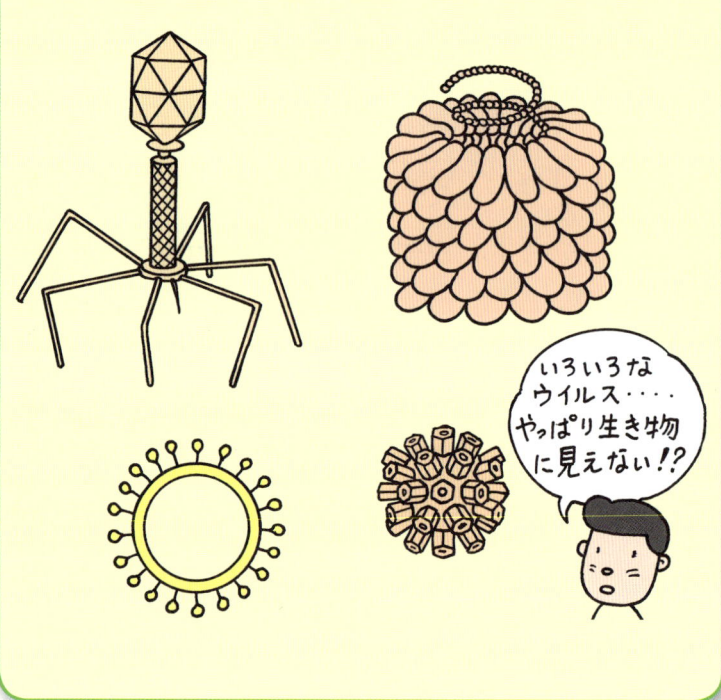

いろいろなウイルス・・・・やっぱり生き物に見えない!?

## その2 細胞の中には何があるの？

### 細胞小器官

　細胞はひとつの社会にたとえることができます。

　私たちが生活している社会には、発電所があったり、工場があったり、ゴミ焼却炉があったり、道路があったり、そのようなさまざまな働きをもったものがあって、ひとつの社会がつくられています。

　細胞も同じです。細胞の中にも発電所やゴミ焼却炉にあたるものがちゃんとあるのです。

　そのような個々の働きを行なう細胞内の構造を細胞小器官と呼んでいます。

### 核 ― 設計図管理室 ―

　細胞内でまず目につくのは核です。核の中には非常に細い糸状の構造が詰まっています。

　この糸状の構造を染色体といいます。

　ふだん、染色体は右のように細い糸状をしていますが、細胞分裂が始まると、寄り集まって

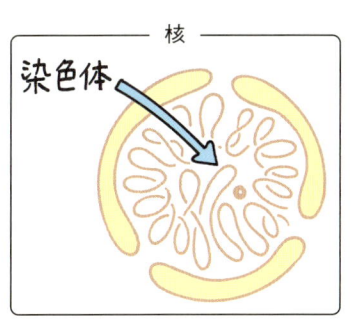

太く短くなってきます。

この染色体はちょうど設計図を入れてある入れ物みたいなもので、**設計図に相当するのが核酸の一種であるDNA**という物質です。DNAがどのような構造をしているのかは、第5章でくわしく見ていきますが、その設計図であるDNAを管理している部屋が核なのです。

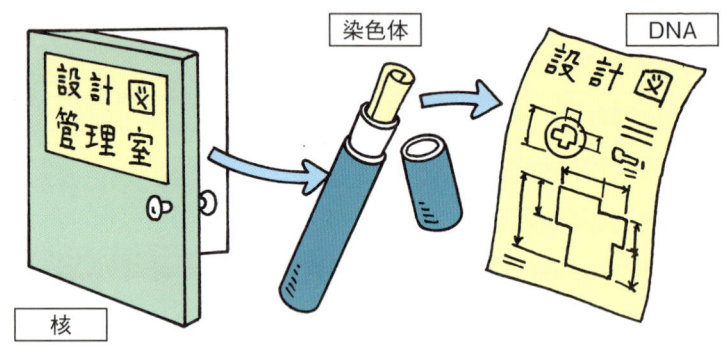

核を除いた部分を**細胞質**といいます。では、細胞質の細胞小器官を見てみましょう。

## ミトコンドリア ― 発電所 ―

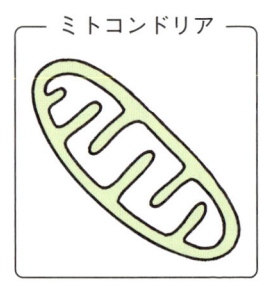

右図のような形をしているのが**ミトコンドリア**です。**生物が生きていくために必要なエネルギーをつくる、まさしく発電所に相当する**のがミトコンドリアの働きです。

我々の社会では、発電所で生じたエネルギーは電気という形で送られて、いろいろな仕事に使われます。

　では、細胞の社会ではエネルギーはどのような形に変わるのでしょう。

　細胞の社会では、エネルギーはいったん**ATP**（アデノシン三リン酸）という物質の化学エネルギーという形に変換されます。ATPの構造などについては第2章で見ていきますが、地球上のすべての生物はこのATPを利用しているのです。ヒトもイヌもサンマもゴキブリもアサガオもアメーバも大腸菌も!!

　このような共通点があるのは、地球上の生物がすべて同じ祖先から進化してきた証拠のひとつと考えられています。

　すなわち、動物は動物で、植物は植物で、勝手に別々の祖先から進化したり、ある生物だけ宇宙からやってきた別の生物だったりはしないということです。

　我々ヒトも特別な存在ではなく、アメーバとも共通点をもった仲間の一種ということですね。

また、人間の社会では、同じ発電でも水力発電や原子力発電などいろいろな方法がありますが、細胞の社会でもいろいろなエネルギーのつくり方があります。

　それが第2章で登場する呼吸で、この呼吸には酸素を使う**好気呼吸**（酸素呼吸）や、酸素を使わない嫌気呼吸（無気呼吸）などがあります。

　ミトコンドリアで行なわれているのは好気呼吸なのですが、くわしくは第2章で見ていきましょう。

## 葉緑体 ── ブドウ糖合成の工場 ──

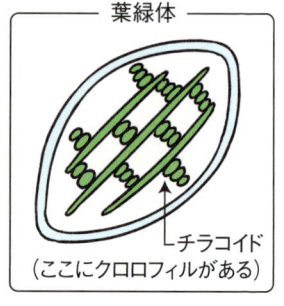

　**光エネルギーを使ってブドウ糖を合成する光合成を行なうのが葉緑体**です。

　もちろん我々動物や菌類（カビやキノコの仲間）は光合成を行なわないので、葉緑体もありません。植物で、しかも光合成を行なう組織の細胞にだけ存在します。

　葉緑体には**クロロフィル**という緑色の色素が含まれており、このため葉緑体を含む組織（たとえば葉）が我々には緑色に見えるのです。

　光合成のしくみも第2章で見ていきますが、地球上のほとんどの生物は、この光合成で生じたブドウ糖を直接、あるいは間接的に利用して生きていることになります。

## 小胞体 ― 細胞内に張りめぐらされた道路 ―

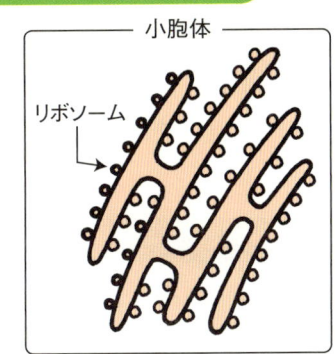

　小胞体は、光学顕微鏡では観察できず、電子顕微鏡でないと観察できない構造ですが、薄い袋状の構造で、細胞内に広がっています。この中を物質が運ばれていくので、ちょうど道路のようなものです。

　それ以外に、たとえば肝臓細胞の小胞体では、**有害な物質を無害な物質に変える働き**もあります。これは**解毒作用**といいます。

　また、筋肉細胞の小胞体は、筋肉が収縮するときに必要な**カルシウムイオンを蓄える働き**もあります。

　小胞体の表面にある小さい粒（上図）は、次に登場する**リボソーム**です。

## リボソーム ― タンパク質合成の工場 ―

　細胞内に最も多く含まれている物質は水ですが、その次に多く、いろいろな構造体や酵素（第2章で登場します）の主成分となっている重要な物質が**タンパク質**です。

　この**タンパク質を合成してくれる工場にあたる**のが、**リボソーム**です。

　細胞質中に散らばって存在しているリボソームもありますが、

25ページの図のように小胞体の表面にも、たくさんのリボソームが付着しています。

　ちょうど道路わきにたくさんの工場が立ち並んでいるようなものですね。このリボソームも小胞体と同じように電子顕微鏡でないと観察できません。

### ゴルジ体　― 郵便局の配送センター ―

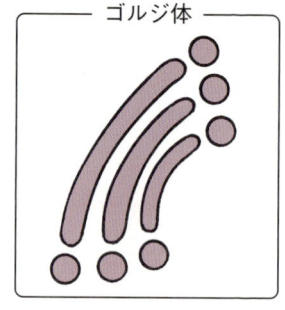

　郵便局に小包をもっていくと、その小包に、どこへ運ぶのかを記した荷札を付けますよね。そのような荷札の働きをするのが**ゴルジ体**です。リボソームという工場で合成されたタンパク質が小胞体という道路を通って、ゴルジ体へ運ばれてきます。

ここで、具体的には**いろいろな糖が付け加えられますが、この糖がちょうど荷札に相当する**もので、これによって、細胞内に留めておくのか、細胞外に分泌するのかが決定されていくのです。

　消化酵素を分泌する細胞や、病原菌をやっつける抗体（第6章で登場します）を分泌するリンパ球では、特にゴルジ体が発達しています。

## 液 胞 ―倉 庫―

　**細胞内で生じた物質を蓄えておく袋状の構造**が**液胞**です。
　したがって、若々しい細胞では液胞は小さいのですが、古い植物細胞になると非常に大きく発達します。
　実際には、糖やいろいろなイオン、**アントシアン**と呼ばれる色素などが含まれます。アントシアンは赤色や青色の花弁の色や、紅葉したモミジなどの色となる色素です。

秋が深まってくると、この液胞内にアントシアンが蓄積し、紅葉してくるのです。

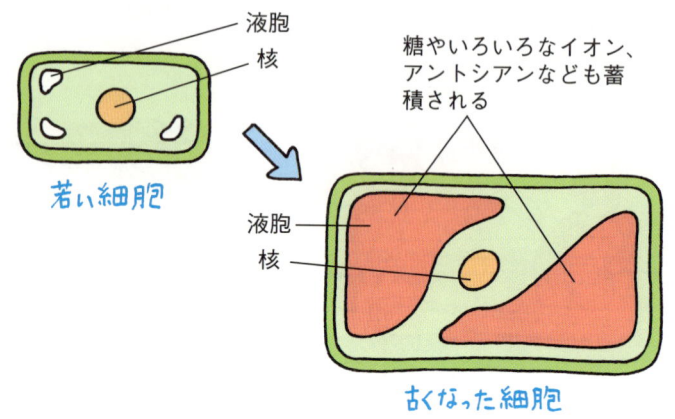

### リソソーム ― ゴミ焼却炉 ―

　**細胞内の余分なものや細胞内に取り込んだ異物などを処理してくれるのがリソソーム**です。

　ただの小さい袋のような構造ですが、その中にはいろいろなものを分解する酵素が詰まっています。ばい菌を食べてくれる白血球などでは、このリソソームが非常に発達しています。

### ペルオキシソーム ― 危険物処理場 ―

　リソソームとよく似た袋状の構造に**ペルオキシソーム**があります。

細胞内に過酸化水素という危険物質が生じてしまうことがあるのですが、その危険な過酸化水素を分解するのがカタラーゼという酵素です。このカタラーゼを含み、危険な過酸化水素を処理してくれるのがペルオキシソームなのです。

　働きもリソソームと似ているような感じがしますが、同じ処理でも、燃えるゴミと燃えないゴミを分けて処理するようなものです。

　これら以外にも、細胞分裂に関与する中心体、細胞を保護する細胞壁などがあります。

　ひとつの細胞の中にもいろいろな構造が存在し、さまざまな営みが行なわれているのですね。

## その2のまとめ 細胞内の構造

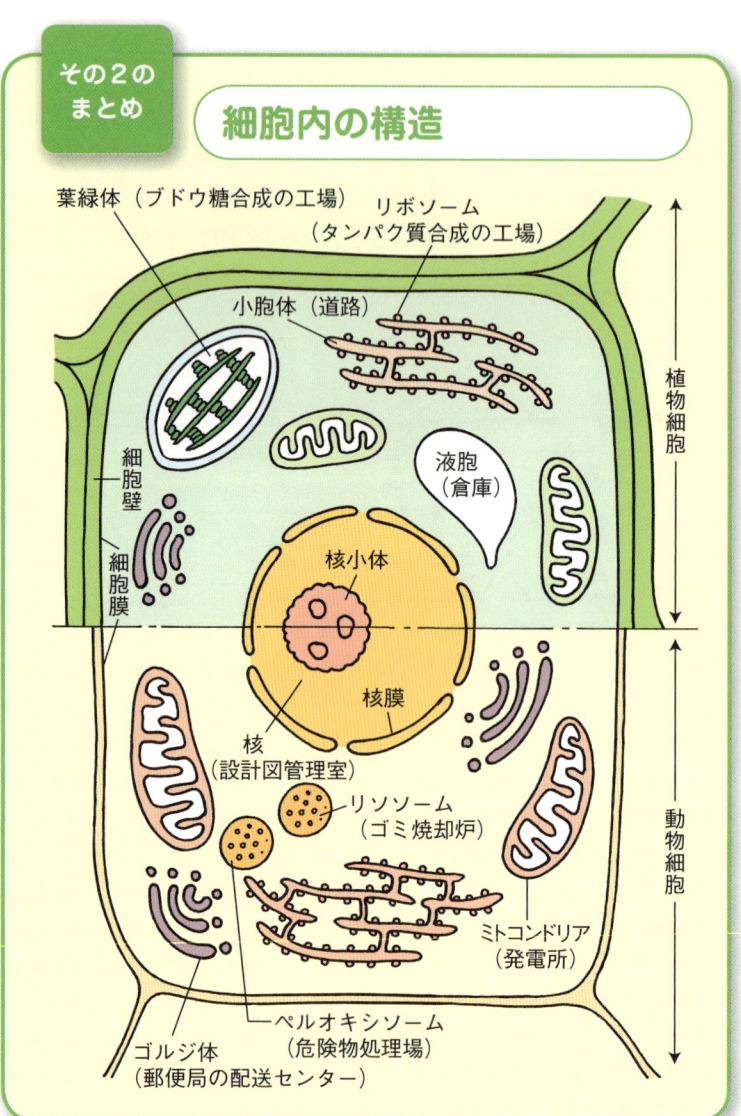

## その3 細胞にもいろいろあるの?

### 卵細胞

　ひとくちに細胞といっても、大きさも形もさまざまです。普通の細胞は肉眼では見えないくらいの大きさですよね。

　1mmの1000分の1を1μm（マイクロメートル）といいますが、**普通の細胞は10μm～50μm程度の大きさ**です。大きい細胞としては**卵細胞**があります。

　ニワトリの卵細胞は、我々が食べている卵の黄身の部分です。直径3cmくらいありますが、あの黄身がひとつの細胞なのですから、非常に大きいですね。

　ましてやダチョウの卵細胞などは7cmくらいの大きさがあります。我々ヒト（生物名としては人間のことをヒトと呼びます）の**卵細胞も0.1mm～0.2mmくらい**あり、肉眼で見える大きさです。

　このように卵細胞が非常に大きいのは、発生に必要な栄養分を蓄えているからです。

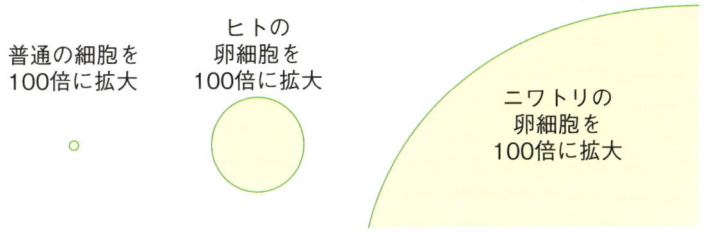

普通の細胞を100倍に拡大　　ヒトの卵細胞を100倍に拡大　　ニワトリの卵細胞を100倍に拡大

### 精子

卵細胞とは逆に精子は、できるだけ数多くつくって、卵細胞のところまで泳いでいくために身軽になった細胞です。

下図にあるように、頭部、中片部、尾部という3つの部分からなります。尾部の部分はべん毛という長いしっぽで、これがあるので長さは60μmくらいあります。頭部には核、中片部にミトコンドリアと中心体がありますが、それ以外の細胞小器官はもたない特殊な細胞です。

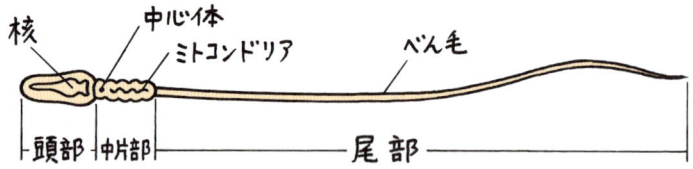

頭部にある核には、もちろん父親側の遺伝情報（設計図）が収められています。そしてべん毛を動かすために必要なエネルギーをつくり出す発電所として、ミトコンドリアをもっているのです。

### 神経細胞

精子も長い細胞でしたが、もっと長い細胞は神経細胞です。神経だって細胞でできているんですよ。

神経細胞は次ページ図のような変わった形をしています。細胞体、樹状突起、軸索という3つの部分からできています

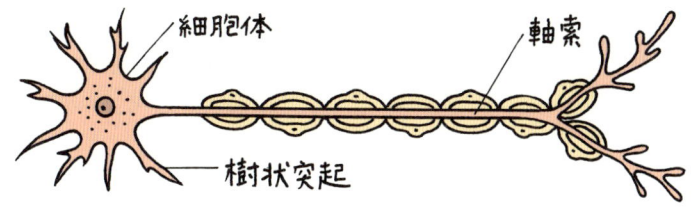

が、全体でひとつの細胞です。

　ヒトの神経細胞の中で、最も長いのは座骨神経の神経細胞で、1mくらいの長さがあります。それでひとつの細胞なのですから驚きです。

　この神経細胞は**ニューロン**とも呼ばれますが、これがどうやって痛みを伝えたりするのかは、第7章で見ていきましょう。

### 筋肉細胞

　筋肉も細胞の集まりです。筋肉を構成する細胞のことを特に**筋繊維**といいます。

　この筋繊維（筋肉細胞）も神経細胞ほどではありませんが、数cmくらいの長さがあります。

　同じ筋肉でも骨の周囲に付いていて、腕や足を動かす筋肉は骨格筋といいますが、骨格筋の筋繊維には縞模様が見えるので、**横紋筋**といいます。

　この骨格筋の筋繊維の大きな特徴は**核がたくさんある**ことです。普通はひとつの細胞にひとつの核しかありませんよね。でも骨格筋の細胞には何個もの核があるのです。

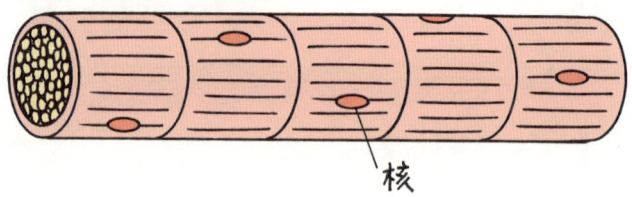
骨格筋（横紋筋）の筋繊維　核

　これはもともと、骨格筋の細胞がいくつもの細胞を融合して生じることによります。もとの細胞にはひとつの核しかないのですが、そんな細胞がいくつも合体してひとつの筋肉細胞となるのです。

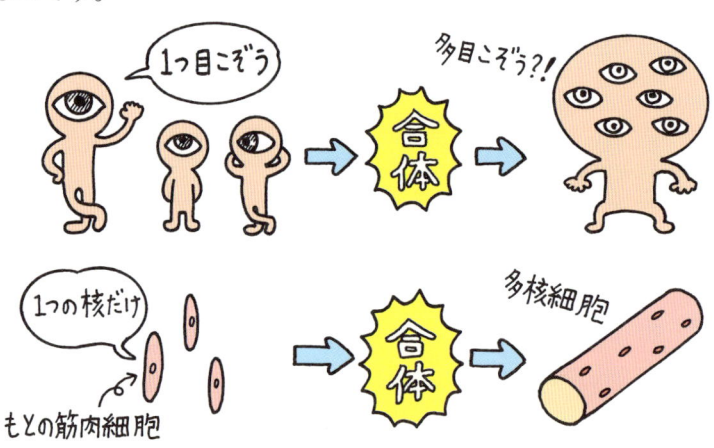

　同じ筋肉でも胃や腸をつくっている筋肉は縞模様のない筋肉で、**平滑筋**（へいかつきん）といいます。こちらはひとつの細胞にひとつの核しかない細胞でできています。

### 赤血球

　血液の中にも細胞があります。たとえば白血球という細胞です。白血球は入ってきたばい菌をやっつけたりする働きがありますが、くわしくは第6章で見ていきましょう。

　また血液中の赤血球も細胞なのですが、これにも変わった特徴があります。それは核がないことです！

白血球　ちゃんと核が入ってるよ〜！　核

赤血球　核なしだよ…

　赤血球は骨髄（太い骨の中心部分にあります）にある造血幹細胞という細胞から生じます。

　この造血幹細胞が分裂し、やがて赤芽球と呼ばれる細胞になり、ここから核が捨てられて赤血球になるのです。赤血球にはヘモグロビンという酸素を運搬するための物質が含まれていますが、できるだけヘモグロビンを詰め込むためにも、核を捨ててしまうのでしょうね（ただし、核がないのは哺乳類だけです）。

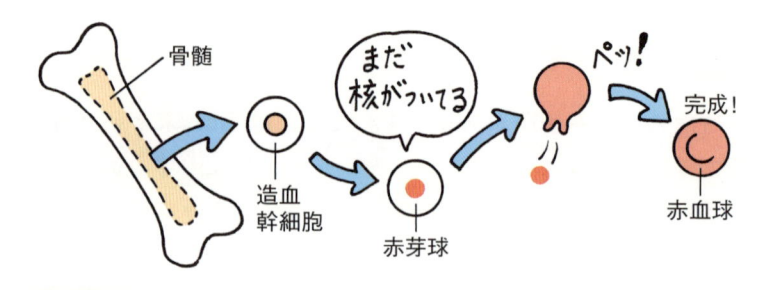

骨髄 → 造血幹細胞 → 赤芽球（まだ核がついてる）→ ペッ！→ 赤血球（完成！）

### 骨細胞

　骨というと、ただカルシウムなどが固まってできているような感じがしますが、骨だって細胞からできているのです。
　腕や足の骨の断面を拡大して調べると、次のような構造が見えます。
　まるで樹木の年輪のようにも見えますね。

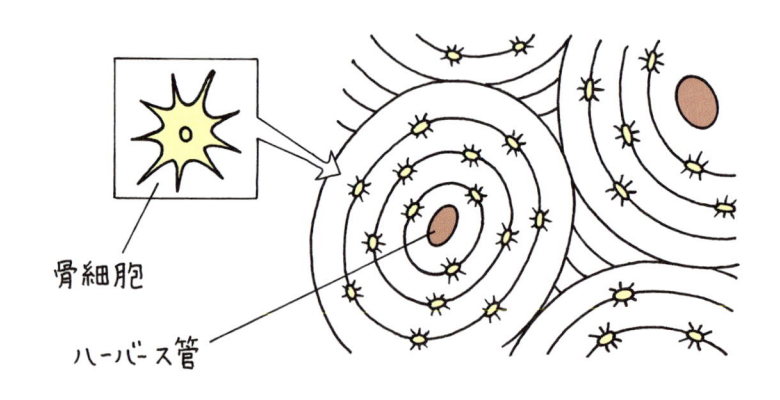

骨細胞
ハーバース管

　上図の矢印のところにあるのが、骨細胞(こつさいぼう)です。
　骨細胞の周囲にはリン酸カルシウムなどの物質が存在し、骨

細胞と骨細胞の間を埋めているのです。

さらに前図で穴が見えますが、これはハーバース管と呼ばれ、血管や神経の通り道になっている穴です。

### 真核生物

いろいろな細胞を見てきましたが、これ以外にも、心臓だって皮膚だって、あるいは髪の毛だって、爪だって、目のレンズだってみんな細胞からできています。

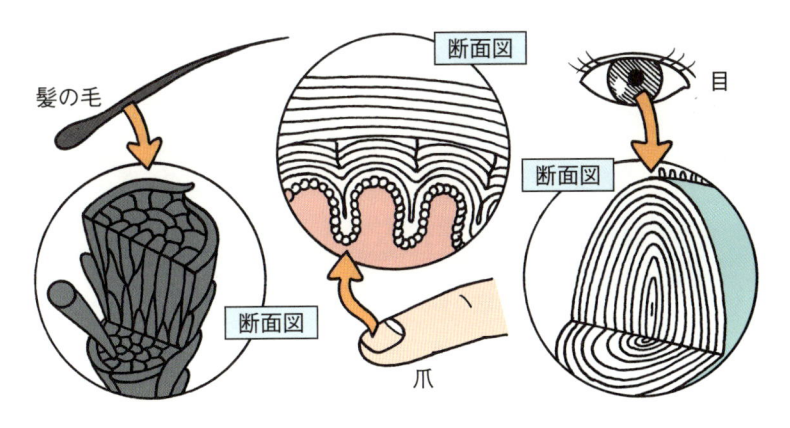

我々、**ヒトの身体には、60兆個もの細胞がある**といわれています。ヒトだけでなく、虫だって、カビだって、アメーバだって、植物だって細胞からできています。

そしてそれらの細胞には核があります（赤血球は例外的に核なしでしたが、これも最初はちゃんと核をもっている細胞でしたね）。このように核をもつ細胞を**真核細胞**といい、真核細胞

でできている生物を**真核生物**といいます。

地球上のほとんどの種類の生物は真核生物です。

### 原核生物

ところが、核をもたない細胞もあるのです。それを**原核細胞**といい、原核細胞からなる生物を**原核生物**といいます。**細菌**（大腸菌や乳酸菌やコレラ菌など）と**ラン藻**（ユレモ、ネンジュモなど）という生物だけは原核生物です。

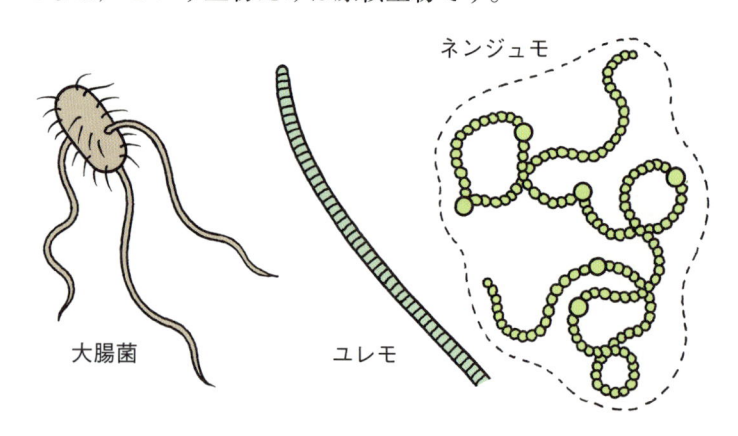

原核細胞には核がないと書きましたが、もう少し正確にいえば核膜がないのです。いくら原核細胞でも設計図（DNA）はちゃんともっています。それが真核細胞では核膜に包まれた核の中に保存されているのですが、原核細胞では核膜に包まれていないのです。

さらに、原核細胞には、ミトコンドリアや葉緑体、ゴルジ体

などのほとんどの細胞小器官もありません。でもちゃんとエネルギーをつくったり、いろいろな反応を行なうことはできます。

　それは、ちょうど仕切りのないワンルームマンションみたいなもので、ひとつの部屋の中に仕事関係の書類も、趣味のものも、食器も散らばっていて、仕事部屋とか台所とかの区別がないのと同じです。でもちゃんと、仕事も食事の用意もできますよね。一方、真核細胞では仕事部屋、台所、趣味の部屋などの区切りがあるので、より能率的にいろいろなことを分業させて行なうことができるのです。

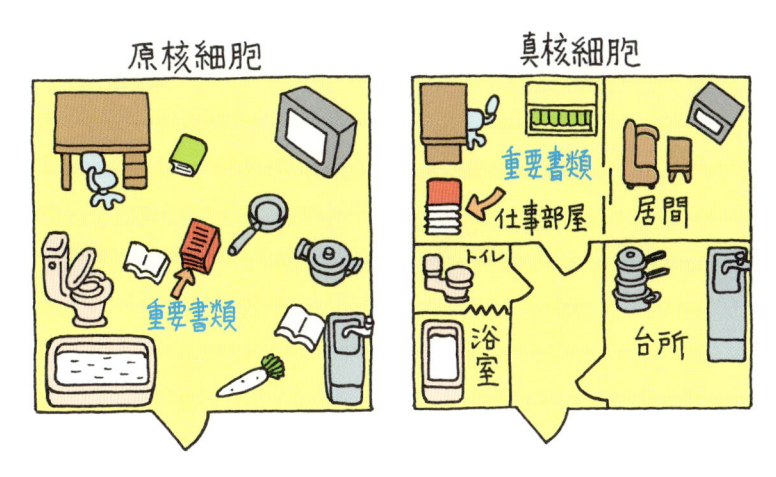

　よく真夏に小さな池などが真緑になったりしますが、その原因のひとつになるのがラン藻の異常増殖です。**ラン藻は原核生物で、葉緑体ももたないのですが、光合成に必要な物質はちゃんともっている**ので光合成を行なうことができ、栄養分の豊富な池などで盛んに光合成して増殖してしまうのです。

### その3のまとめ
## さまざまな細胞

#### ❶ 細胞の大きさ比べ

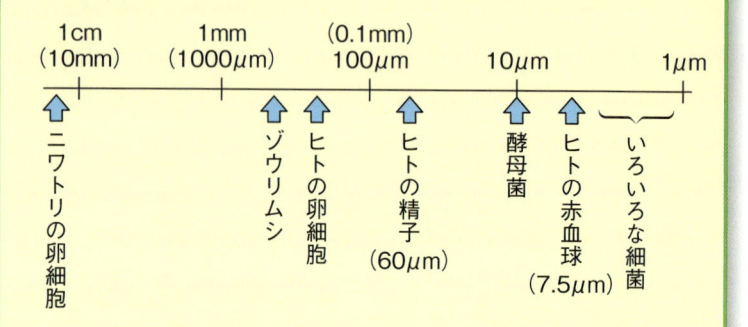

```
1cm        1mm       (0.1mm)
(10mm)    (1000μm)   100μm     10μm      1μm
─┬─────────┬─────────┬─────────┬─────────┬─
 ↑         ↑  ↑      ↑         ↑  ↑     ⌈──⌉
ニ         ゾ  ヒ     ヒ        酵  ヒ    い
ワ         ウ  ト     ト        母  ト    ろ
ト         リ  の     の        菌  の    い
リ         ム  卵     精            赤    ろ
の         シ  細     子            血    な
卵             胞     (60μm)       球    細
細                                 (7.5μm) 菌
胞
```

※肉眼で0.2mmくらいまで、光学顕微鏡で0.2μmくらいまで見える。それ以下は電子顕微鏡でないと見えない。

#### ❷ 核膜とミトコンドリアによる違い

- **原核生物**

  核膜やミトコンドリアなどをもたない細胞からなる生物。

  例 細菌、ラン藻

- **真核生物**

  核膜やミトコンドリアなどをもつ細胞からなる生物。

  例 動物、植物、カビなど（細菌、ラン藻以外の生物）

※真核生物の細胞でも哺乳類の赤血球のように二次的に核を失った例外的な細胞もある。

# 第2章
## 身体の中で起こる化学反応
### ── 代 謝 ──

| その1 | 酵素って何？ |
| その2 | 息を吸ったり吐いたりしない呼吸とは？ |
| その3 | ごはんを食べなくても生きられる？ |

## その1 酵素って何?

### 酵素パワー

　最近はTVでも酵素(こうそ)という名を耳にしますね。「酵素入りの歯磨き」「酵素パワーの洗剤」などなど。

　では、その酵素とは、どのようなものなのでしょうか?

　我々は毎日食事としてデンプンやタンパク質を取り入れて、これらを消化（すなわち分解）しています。ところが、たとえばタンパク質を試験管の中で分解させようとすると大変です。まず濃塩酸などを加え、100℃くらいに煮沸(しゃふつ)して、しかも何時間もかかってやっと分解させることができます。

　でも、我々はお肉を食べたあと、食後の一杯といって塩酸を飲んだり100℃のお風呂に入ったりしませんね（もちろんそんなことをしたら死んでしまいます!）。そんな恐ろしいことをしなくてもタンパク質は分解されます。それは酵素の働きによります。

　酵素のパワーはすさまじく、ある酵素は、1秒間に何万分子という物質に作用することができます。そんな酵素のおかげで我々は"食後の塩酸"を飲まなくても済んでいるのです!

### 酵素は仲人

　このように酵素はタンパク質を分解させたり、デンプンを分

解させたりというように、いろいろな化学反応を、体温付近の穏やかな温度のもとでスムーズに行なわせる（**促進**するといいます）働きがあります。

　でも、酵素自身が消費されたりはしないのです。自分は変化しないで、他の反応を行なわせるのが酵素の特徴で、このような働きを**触媒作用**といいます。

　ちょうど、結婚相手を探している２人を出会わせて結婚に導いていく仲人さんのようなものです。仲人さんがいないと、出会いがなく、結婚までこぎ着けない２人が、仲人さんの手助けでスムーズにゴールインできます。でも仲人さん自身が結婚するわけではありません！　仲人さんはただ、反応（結婚）を促進しただけなのです。

　仲人さん自身は結婚するわけではないので、また次の２人を見つけたら結婚を促進させることができます。１人の仲人さんが何十組ものカップルを誕生させることができます。

　酵素も同じで、ひとつの酵素が何回も繰り返し使えるので、微量で、大量の反応を促進することができるのです。

### 酵素は頑固者

　酵素はこのように反応を促進することができますが、どんな反応でも促進させるわけではありません。

　それぞれ酵素の種類によって働きかける相手（これを**基質**といいます）が決まっているのです。

　たとえば、**アミラーゼ**という酵素はデンプンを分解しますが、タンパク質を分解することはできません。タンパク質はまた別の**ペプシン**という酵素によって分解されるのです。

　ある仲人さんは人間どうしを結婚させることはできるけれど、犬どうしの結婚はさせられません。犬どうしにはちゃんと犬専門のブリーダーさんがいるようなものです。

　このように**酵素の種類によって働きかける相手（基質）が決まっている**という性質を**基質特異性**といいます。

　これは、酵素と基質がちょうど鍵と鍵穴のような関係にあるからだといいます。

　302号室の鍵穴には302号室専門の鍵があり、他の鍵では部屋を開けることができないようなものです。

### 酵素は軟弱

このようにいろいろなパワーを秘めている酵素なのですが、弱点もあります。高温に弱く、また酸性やアルカリ性の影響も強く受けるのです。

これは、酵素がタンパク質でできているからです。

もともとタンパク質には温度が高くなると立体構造が変化してしまう（**変性**するといいます）性質があります。

たとえば生卵（これも主成分はタンパク質です）をゆでたり焼いたりして熱すると、固くなってゆで卵や目玉焼きができあがるのも、この変性が起こるからです。

また、タンパク質は酸性やアルカリ性が大きく変わることでも変性してしまいます。

牛乳（これも主成分はタンパク質です）に酢（酸性の物質）を加えると「もろもろ」した状態になるのも、この変性が起こるからなのです。

このような性質をもった**タンパク質でできている**酵素が熱や酸・アルカリの影響を受けるのは当然です。

普通の酵素は体温付近の35℃〜40℃あたりで最もよく働きます（最もよく働くときの温度を**最適温度**といいます）。

ところが中にはすごい酵素も存在します。温泉などが噴き出しているような場所で生きている細菌には、最適温度が70℃以上というすごい酵素が含まれています。

逆に20℃程度のやや低温でもよく働く酵素もあります。これを利用したのが「低温パワー」の洗剤です。

また、普通の酵素は中性でよく働きますが、ペプシンという酵素（先ほども登場したタンパク質を分解する酵素です）は強酸性でないと働かないという変わり者です。

ペプシンは胃の中に分泌されて、胃の中で働く酵素ですが、このペプシンが働けるよう、胃の中には塩酸が分泌されて、胃の中を強酸性に保っているので、このペプシンが働けるのです。

汚い話ですが、気分が悪くなって吐いたとき、すっぱい味がするのはこの塩酸のせいです。また、吐いたあと、のどがヒリヒリしたりしますが、これも塩酸によって粘膜がただれてしまうからです。私たちの胃の中には、そのくらい強烈な塩酸が分

泌されているのです。

　この塩酸は食べ物と一緒に入ってきたばい菌を殺菌する役割ももっています。

### 消化のしくみ

　せっかく、アミラーゼやペプシンなど、消化に関係する酵素が登場したので、少し消化について見ておきましょう。

　デンプンは、もともとブドウ糖がたくさん結合した物質なのです。たとえばハンバーガーを食べると、パンの部分のデンプンは、唾液に含まれるアミラーゼで分解されて麦芽糖になります。デンプンには甘味がありませんが、麦芽糖になると甘味があります。しっかりかんでいると甘味が出てくるのはこのためです。麦芽糖は、小腸の中のマルターゼ（これも酵素です）によってさらに分解され、最終的にはブドウ糖になって小腸から吸収されます。

　タンパク質はアミノ酸が非常にたくさん結合した物質です。

ハンバーガーにはさんであった、肉や卵のタンパク質は、胃の中で先ほど登場したペプシンによってまず分解されて、少し小さくなります。次に膵液(すいえき)中の酵素**トリプシン**でさらに小さく分解され、最後は小腸内で**ペプチダーゼ**という酵素によってアミノ酸にまで分解されて、小腸から吸収されます。

　肉の脂肪の部分は、口でも胃でも分解されず、膵液中の酵素**リパーゼ**によって初めて分解されて脂肪酸(しぼうさん)とグリセリンという物質になります。ただ、脂肪は水になじみにくいので、リパーゼが働きかける前に、水になじみやすい状態にしてやる必要があります。

　それを行なうのが胆液(たんえき)（胆汁(たんじゅう)）です。胆液は、肝臓でつくられ、いったん胆嚢(たんのう)に蓄えられてから分泌される物質で、脂肪を分解する働きはありませんが、脂肪を水になじみやすい状態にして（これを乳化(にゅうか)作用といいます）リパーゼが働けるようにしてやる働きがあります。

　胆液の中には、コレステロールを材料につくられる物質が含まれていて、これが乳化に働きます。

　コレステロールは、悪の権化(ごんげ)のように嫌われますが、もともとは体に必要な大切な物質なんです。ただ、量が多いと問題で、胆嚢の中でコレステロールが結晶化して胆石(たんせき)を形成したりする場合があります。

　脂肪の取りすぎにはご注意を！

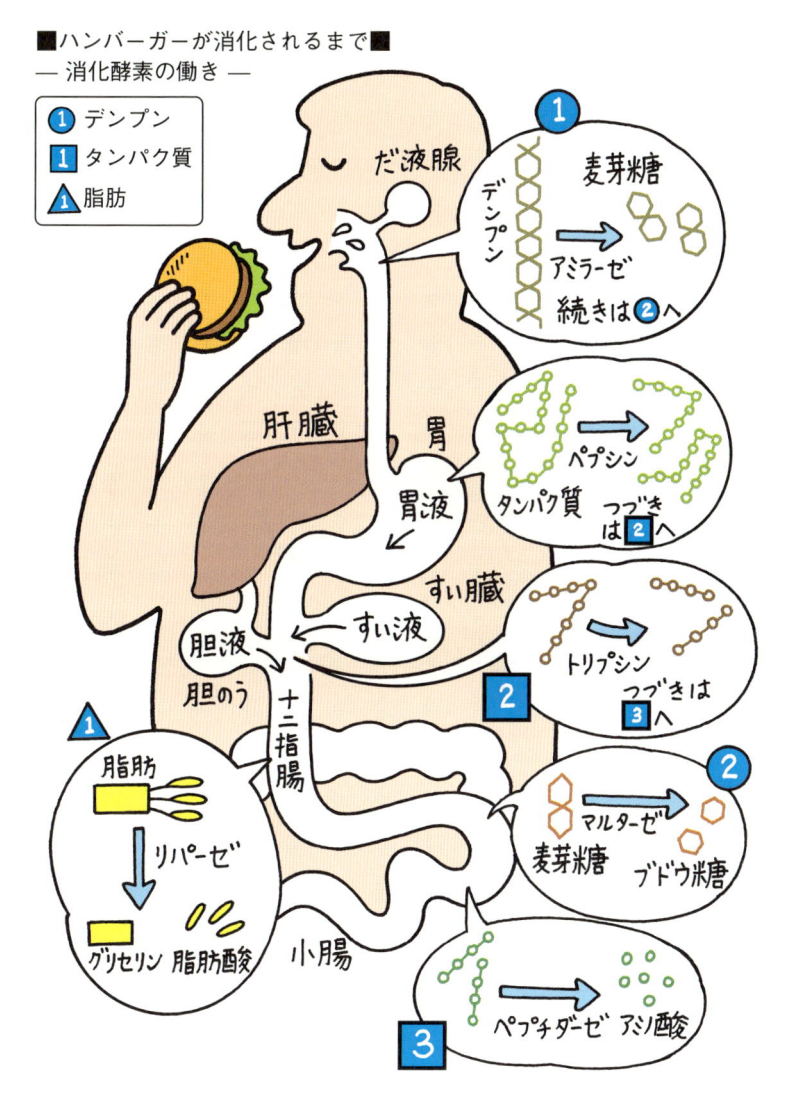

■ハンバーガーが消化されるまで■
── 消化酵素の働き ──

- ① デンプン
- 1 タンパク質
- ▲1 脂肪

第2章 代謝

**①** デンプン → アミラーゼ → 麦芽糖
続きは **②** へ

だ液腺

肝臓

胃

胃液

タンパク質 → ペプシン → つづきは **2** へ

すい臓
すい液
胆液
胆のう
十二指腸

**2** トリプシン つづきは **3** へ

▲1 脂肪 → リパーゼ → グリセリン 脂肪酸

**②** 麦芽糖 → マルターゼ → ブドウ糖

小腸

**3** ペプチダーゼ → アミノ酸

49

## いろいろな酵素

消化酵素ばかりではなく、いろいろな酵素があります。

たとえば我々は、呼吸をして二酸化炭素を吐き出していますが、この二酸化炭素は**脱炭酸酵素**という酵素の働きで**いろいろな物質からえぐり取られた二酸化炭素で、これが集められて体外に吐き出されているのです。**

「脱」とは「取ってしまう」という意味で、「炭酸」は二酸化炭素のこと。二酸化炭素が溶け込んだ飲物が炭酸飲料ですね。

カタラーゼという酵素も身近な酵素です。過酸化水素という物質を水と酸素に分解する働きがあります。

最近はあまり使わないようですが、以前は、けがに「オキシドール」という消毒薬をよく使っていました。このオキシドールを傷口にかけると、細かい泡がブクブクと出てきます。

実は、オキシドールの正体は過酸化水素水で、傷口の細胞に含まれているカタラーゼの働きで水と酸素になり、生じた酸素が泡となったのです。この酸素の泡によってばい菌を殺菌するのがオキシドールという消毒薬なのです。

挙げていくときりがありませんが、あとひとつだけ。

リンゴを包丁で切って、そのままにしておくと表面が褐色(かっしょく)になっていきますが、これにも酵素が関係しています。

**これはチロシナーゼ**という酵素によってアミノ酸の一種（チロシン）が空気中の酸素を使って酸化し、結果的に褐色の色素が生じるための現象です。切ったリンゴを塩水につけると褐色になりにくいのは、食塩がこの酸化反応をじゃまするのと、この酵素（チロシナーゼ）が水に溶け出してしまうからです。

自宅でつくったリンゴジュースはすぐに褐色になるのに、売られているリンゴジュースが褐色になりづらいのは、酸化防止剤が加えられているからです。

> その1の
> まとめ

## 酵素の働き

### ❶酵素の特徴
1）酵素は、自分自身は変化せず、他の反応を促進する。
　➡酵素は触媒作用をもつ。
2）酵素は、種類によって働きかける相手が決まっている。
　➡酵素には基質特異性がある。
3）酵素の主成分はタンパク質である。
　➡だから、酵素は高温に弱く、酸・アルカリ性の影響を受ける。

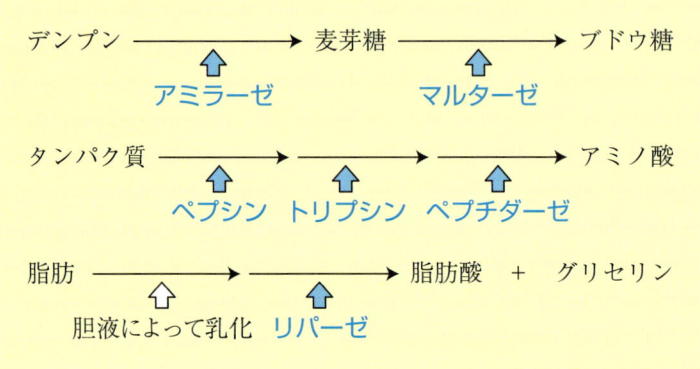

### ❷消化のしくみ

デンプン ─────→ 麦芽糖 ─────→ ブドウ糖
　　　　　　⇧　　　　　　⇧
　　　　アミラーゼ　　　マルターゼ

タンパク質 ────→ ─────→ ─────→ アミノ酸
　　　　　　⇧　　　⇧　　　⇧
　　　　ペプシン　トリプシン　ペプチダーゼ

脂肪 ─────→ ─────→ 脂肪酸 ＋ グリセリン
　　　⇧　　　⇧
　胆液によって乳化　リパーゼ

※この色の文字は酵素

# その2 息を吸ったり吐いたりしない呼吸とは？

## 呼吸の意味

　小学生の低学年くらいに、「**呼吸**って何？」と問いかけると、「息を吸ったり吐いたりすること」なんて答えが返ってくるでしょう。

　また、小学生でも高学年くらいに同じ問いをすれば、「酸素を吸収して二酸化炭素を出すこと」と答えるかもしれません。

　確かに、このように息を吸ったり（酸素を吸ったり）、息を吐いたり（二酸化炭素を出したり）するのも呼吸です。

　でも、厳密には、このような外界との気体の出し入れという意味での呼吸は**外呼吸**といいます。

　では、なぜ我々は酸素を吸わなければいけないのでしょう？　それは、**細胞の中で有機物（ブドウ糖など）を分解するのに酸素を必要としている**からです。

　ではなぜブドウ糖を分解するのでしょう？

　それは生物が生きていくために必要なエネルギーを取り出すためです。

　そこで、このように細胞内でブドウ糖などを分解してエネルギーを取り出す反応を、先ほどの外呼吸に対して**内呼吸**と呼びます。

　これからくわしく見ていこうとする呼吸は、この内呼吸のほうです。

そしてあらゆる生物は、生きているかぎり、この内呼吸を行なっているのです。

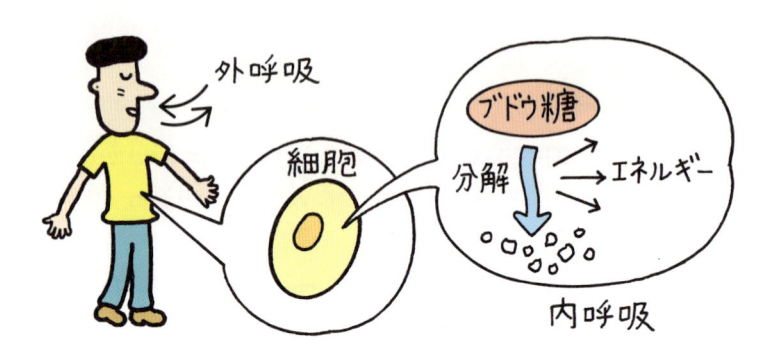

### 乳酸発酵

ヨーグルトなどは発酵食品と呼ばれたりしますね。この**発酵も呼吸**（内呼吸）**の一種**です。

たとえば、乳酸菌という細菌は、細胞内に取り込んだブドウ糖をまず分解して、**ピルビン酸**という物質に変えます。

このときエネルギーと水素が生じます。さらにこのピルビン酸に水素が結合して最終的には**乳酸**が生じます。

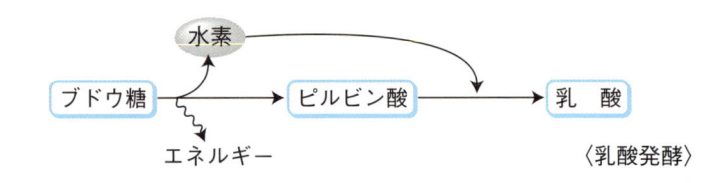

〈乳酸発酵〉

この反応では、酸素も吸収しないし、二酸化炭素も出しませ

ん。ですがブドウ糖を分解してエネルギーを取り出しているので、これも立派な呼吸なのです。

　もちろん乳酸菌にとっては、乳酸をつくることが目的ではなく、ブドウ糖を分解してエネルギーを取り出すことが目的なのです。我々人類のために乳酸をつくってあげようと思っているわけではありませんが、最終的に生じた乳酸を我々が勝手に利用しているのですね。

　この乳酸菌の行なう呼吸を**乳酸発酵**といいます。

### 解 糖

　この乳酸発酵と同じ反応が我々動物の筋肉の中でも行なわれています。

　激しい運動を続けると、筋肉に供給できる酸素が不足してきます。そのとき、**筋肉の中で乳酸発酵と同じ反応が行なわれる**のです。

　ただし、筋肉が行なった場合は乳酸発酵と呼ばず、**解糖**（かいとう）と呼びます。でも結果的に乳酸が生じるという点では同じです。

　筋肉の中に蓄積した乳酸は、やがて血液によって運び出され、肝臓に送られます。

　ここで乳酸の一部は分解されますが、大部分はグリコーゲンなどのエネルギー源として再びつくりかえられます。すなわち、ここで生じた生成物をリサイクルしているわけです。

　あんまをしたりマッサージをしたりして血液循環をよくしてやると、筋肉中に溜まった乳酸が運び出されます。

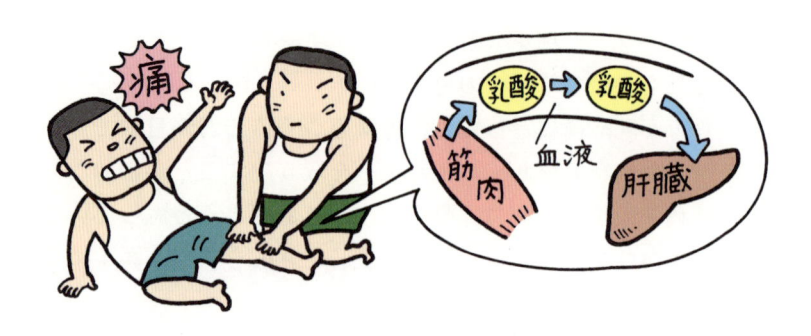

### アルコール発酵

お酒のアルコールも、発酵によってつくられます。

こちらは**酵母菌**というカビの仲間が行なう反応で**アルコール発酵**と呼びます。

ブドウ糖をピルビン酸に分解して水素とエネルギーを取り出すところまでは、さっきの乳酸発酵とまったく同じです。

その後ピルビン酸に**脱炭酸酵素**が働いて、二酸化炭素が発生し、アセトアルデヒドという物質に変化し、さらに最終的には水素と結合してエチルアルコール（エタノール）が生じます。

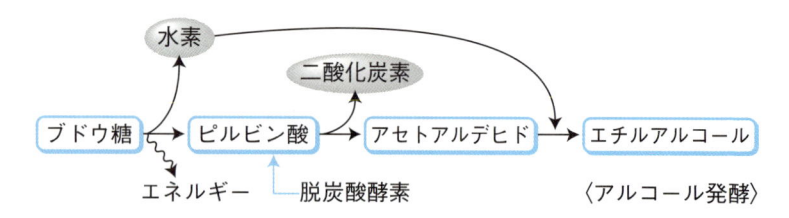

〈アルコール発酵〉

パンもこの酵母菌のアルコール発酵を利用します。イースト

（酵母菌）を入れたパン生地を温めておくと何倍にも膨らみますが、このときアルコール発酵が行なわれ、生じた二酸化炭素によってパン生地が膨らむのです。

これ以外にも「酢」を生じる酢酸発酵などもありますが、これは酸素を使う発酵です。

お酒のフタを開けっ放しにしておくと酸っぱくなるのは、この酢酸発酵が行なわれるからです。

また、「腐る」という現象も発酵の一種です。生じた物質が臭かったり、有害な物質であったときに、「腐る」（**腐敗**）と呼ぶだけのことです。

まあ、人間の勝手な呼び方の違いだけで、**発酵も腐敗も、カビや細菌などの微生物が生きていくために一生懸命有機物を分解している反応**なのです。

## 好気呼吸（酸素呼吸）

さあ、いよいよ我々の行なっている呼吸について説明します。これは酸素を使うので**好気呼吸**（酸素呼吸）と呼ばれます。

この好気呼吸は計3段階の反応からなります。

まず第1段階目は乳酸発酵やアルコール発酵とも共通する反応で、ブドウ糖がピルビン酸に分解される反応です。

第2段階目は非常に複雑な反応ですが、結果的に1回転する回路になっています。ここには何種類もの脱水素酵素が働き、たくさんの水素が奪われます（この反応を**クエン酸回路**といいます）。

第3段階目は、この水素を使ってたっぷりエネルギーを絞り取る反応で、最終的に水素は酸素と結合して水になります（この反応を**水素伝達系**あるいは**電子伝達系**といいます）。

以上をまとめると以下のようになります。

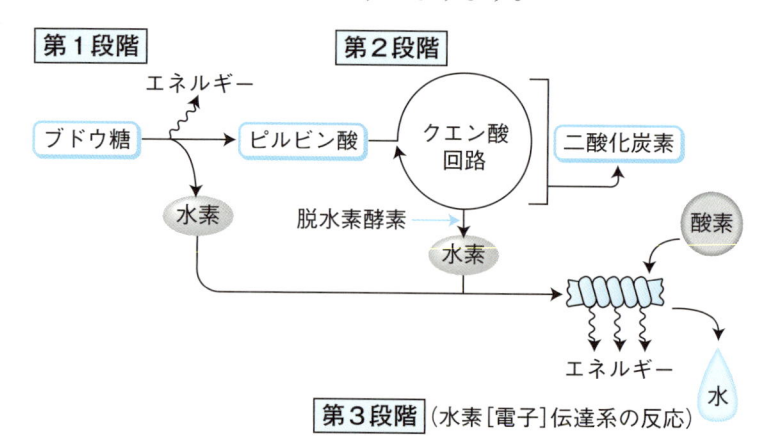

## PTAの逆立ち？

こういったいろいろな呼吸で生じたエネルギーはどんな形で蓄えられるのでしょう？

23ページにも登場しましたが、**生物は、生じたエネルギーをATPという物質の化学エネルギーの形で蓄えます。**

ATPの正式な名称はアデノシン三リン酸です。

名前のとおり、アデノシンという物質に3つのリン酸が結合しているのですが、アデノシンはさらに**アデニン**と**リボース**という物質からなります。

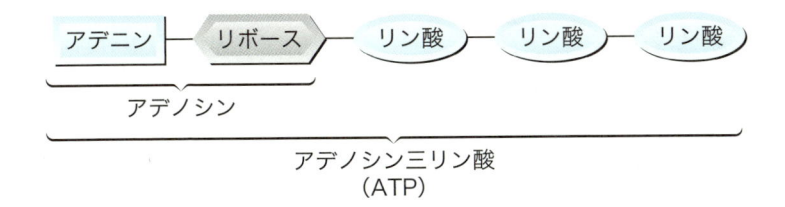

```
アデニン ─ リボース ─ リン酸 ─ リン酸 ─ リン酸
  └──┬──┘
   アデノシン
  └──────────────┬──────────────┘
         アデノシン三リン酸
            （ATP）
```

このうちのリン酸とリン酸の間にた～っぷりとエネルギーが蓄えてあり、この結合を高エネルギーリン酸結合といいます。逆にいうと、この結合を切ってやれば、蓄えてあったエネルギーを取り出すことができるのです。

端っこのリン酸を取ってしまうと、アデノシンに2つだけリン酸が結合した物質になりますね。これを**アデノシン二リン酸（ADP）**といいます。

このようにして呼吸で生じたエネルギーを使って、ADPとリン酸を結合させてATPをつくれば、この中にエネルギーを蓄

えたことになり、ATPからリン酸を取ってADPにすれば、蓄えてあったエネルギーを取り出したことになるのです。

生物は、**ATPから取り出したエネルギーを使って、筋肉を動かしたり**して生きていくわけです。

（図：ADP＝アデニン＋リボース＋リン酸×2、ATP合成にエネルギーを使う／この中にエネルギーが蓄えられたことになるんだ／だからATPを分解するとエネルギーが放出されるよ！）

呼吸によってたくさんエネルギーが生じれば、それだけたくさんのATPがつくれるわけですが、1分子のブドウ糖を分解した場合、乳酸発酵やアルコール発酵ではたった**2分子**のATPしかつくれません。ところが同じ1分子のブドウ糖からは好気呼吸で**38分子**のATPをつくることができるのです。いかに好気呼吸が効率のいい反応かがわかります。

### ATPはお金

呼吸で生じたエネルギーを使ってATPをつくり、そのATPを分解してエネルギーを取り出して、やっと筋肉を動かしたりす

る……と聞くと、いちいちATPのエネルギーに変えずに、呼吸で生じたエネルギーを使って直接筋肉を動かせばいいのに……という疑問がわいてきますよね。

　それはこんなふうに考えることができます。

　我々の社会では、会社で仕事をして給料（お金）をもらって、それを使ってお米を買ったり、おかずを買ったり、服を買ったりしますね。お給料が現物支給で、今月のお給料はお米1俵とサンマ3匹……なんてことはありませんよね。

　それと同じで、**呼吸で生じたエネルギーもいったんATPの形にし、そのATPを使っていろいろな反応を行なう**のです。

　そのほうが、必要なときに必要な反応にエネルギーを使うことができるというわけです。

　そういう意味でATPは「**エネルギーの通貨**」のようなものだといわれます。

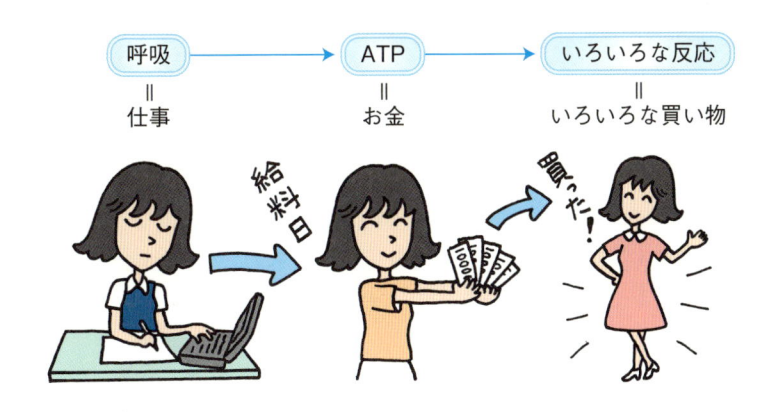

| 呼吸 | → | ATP | → | いろいろな反応 |
| :---: | :---: | :---: | :---: | :---: |
| ＝ |  | ＝ |  | ＝ |
| 仕事 |  | お金 |  | いろいろな買い物 |

### その2のまとめ

## 呼吸のいろいろ

### ❶外呼吸と内呼吸
- **外呼吸**：生物と外界との気体の交換のこと。
- **内呼吸**：細胞内で有機物を分解しエネルギーを取り出す（そしてATPをつくる）反応。

### ❷ＡＴＰとは
アデノシン三リン酸（Adenosine Triphosphate の略）。「エネルギーの通貨」ともいえる重要な物質。

呼吸 〰〰〰→ ADP+リン酸 ⇄ ATP 〰〰〰→ いろいろな反応

### ❸さまざまな呼吸
- **乳酸発酵**：乳酸菌が行なう嫌気呼吸。
  ブドウ糖 ➡ 乳酸
- **解糖**：筋肉中で行なわれる嫌気呼吸。
  ブドウ糖 ➡ 乳酸
- **アルコール発酵**：酵母菌が行なう呼吸。
  ブドウ糖 ➡ エチルアルコール ＋ 二酸化炭素
- **好気呼吸**：ヒトもイヌも魚も植物も行なう呼吸
  ブドウ糖 ＋ 酸素 ➡ 水 ＋ 二酸化炭素

## その3 ごはんを食べなくても生きられる？

### 動物は呼吸、植物は光合成？

　我々動物は、食べ物を取らないと（有機物を摂取しないと）生きていけません。
　それは、その有機物を使って呼吸しなければいけないからです。でも、植物は食べ物を取ったりはしません。
　もちろん植物は有機物を必要としないのではなく、自分でつくれるから、食べる必要がないのです。
　植物が自分で有機物をつくり出す方法、それは**光合成**という方法です。
　我々動物は、できあがった有機物を食べて、これを呼吸で分解してエネルギーを取り出します。
　植物は自分で有機物をつくって、やはりこれを呼吸で分解してエネルギーを取り出しています。
　すなわち植物だって呼吸はしているのです。
　どんな生物でも呼吸しなければ生きていけません。
　その呼吸の材料となる有機物を、食べることで得ているか、自分でつくって得ているかの違いなのです。
　ときどき、「植物は昼間光合成をして、夜は呼吸をしている」と思っている人がいますが、違います。昼でも夜でも生きているかぎり、植物だって呼吸しているのです。

### なぜ葉は緑色？

光合成というくらいですから、もちろん光エネルギーを必要とします。この光エネルギーを吸収するのが葉緑体に含まれる**クロロフィル**と呼ばれる色素です。

クロロフィルは黄緑や青緑といった色の色素で、主に、赤色や青紫色の光をよく吸収します。逆にいうと、緑色付近の光はあまり吸収せず、反射したりそのまま透過したりするのです。**そのクロロフィルが反射あるいは透過した光が我々の目に入ってくるので、葉は緑色に見えるのです。**

また、葉緑体には、クロロフィル以外にも**カロテン**（カロチン）や**キサントフィル**という補助色素も含まれています。

ニンジンの根やトマトの果実の赤い色は主にカロテンの色が表れたものです。

また、イチョウの葉が、夏の間は緑色なのに、秋になると黄色くなるのは、夏の間はクロロフィルが多く含まれているため緑色に見えますが、秋になるとそのクロロフィルが分解され、残ったキサントフィルの色が見えてくるため黄色になるのです（ただし、モミジの葉が紅葉するのは、液胞の中にアントシアンという別の色素が増えてくるためでしたね→27ページ参照）。

　でも、緑色ではない植物も存在します。コンブは褐色、テングサは紅色をしています。

　これらは緑色をしていないので、光合成しないように思われるかもしれませんが、ちゃんと葉緑体があり、クロロフィルももっていて光合成を行ないます。

　コンブが褐色のような色に見えるのは、フコキサンチンという褐色の補助色素をもっているからです。

　同様に、テングサは紅色をしていますが、これはフィコエリトリンという紅色の補助色素をもっているからなのです。

コンブ　　テングサ

　このように、いろいろな補助色素によってさまざまな色をしていても、必ずクロロフィルはもっていて、ちゃんと光合成が行なえるのです。

### 光合成のしくみ❶

では、光合成のしくみを見てみましょう。

葉緑体は右図のような構造をしていましたね。

全体的には凸レンズのような形をしていますが、この中に薄い袋状をした膜がたくさんあります。この膜を**チラコイド**といいます。

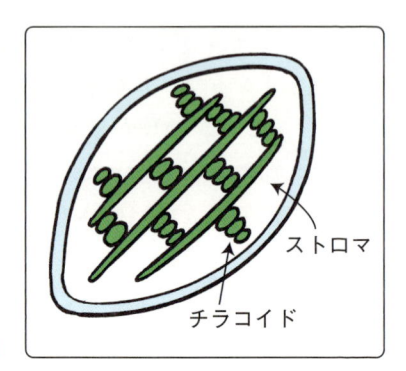

(図:ストロマ、チラコイド)

このチラコイドの膜に、クロロフィルなどの色素が埋め込まれています。

すなわち、まずここで光エネルギーの吸収が行なわれます。

次に、吸収したエネルギーを使って水を分解します。

水（$H_2O$）が分解されると、水素と酸素になりますが、酸素は光合成に必要ではないので、外界へ放出されます。

このように、**光合成では水が分解されて酸素が発生**するので、我々動物は、その酸素を吸収して好気呼吸を行なうことができるわけです。

**水を分解して生じたもうひとつの物質である水素は、あとの反応に必要なので、一時預かってもらいます。**

さらに、この光エネルギーをやはり生物のエネルギー通貨である**ATPに変えておきます。**

ここまでが、チラコイドの膜で行なわれます。

```
チラコイドでは……   水(H₂O)      捨てる
                      ↓         酸素
      光                    分解
クロロフィル → クロロフィル           水素

                            ATP
                            ↑
                           ADP + リン酸
```

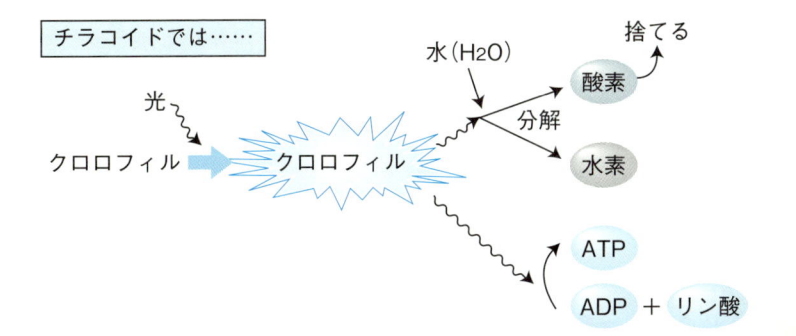

## 光合成のしくみ❷

チラコイドの膜で、ATPと水素を準備できたら、いよいよ第2段階目の反応が起こります。

今度は、外界から吸収した二酸化炭素と、準備しておいたATPのエネルギー、そして水素を使って複雑な回路が回ります。この回路は、研究した学者の名を残して、**カルビン・ベンソン回路**と呼ばれます。

**この回路によってブドウ糖のような有機物が合成される**のです。この回路を回すためには、二酸化炭素と水素とATPのエネルギーが必要なわけですが、そのうちの水素とATPをあらかじめ第1段階目の反応で準備しておいたのです。

そうすればあとは二酸化炭素を吸収するだけで、回路が回ってくれるというわけです。この回路は葉緑体中の隙間である**ストロマ**という部分で行なわれます。

結果的に、二酸化炭素を吸収して酸素を吐き出しているので、好気呼吸とちょうど反対の反応といえますね。

ストロマでは……

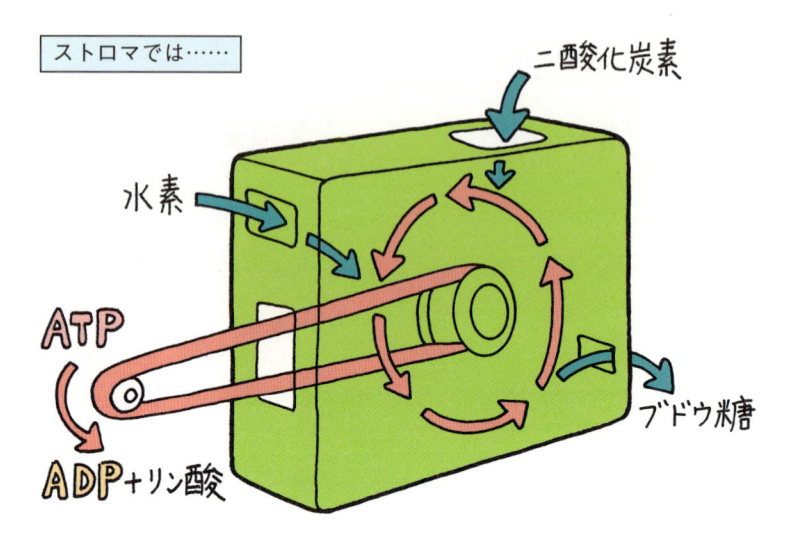

　このような方法で、植物は光エネルギーを利用しているわけです。我々人類も、最近になってこの光エネルギーを利用する太陽電池なるものを開発してきました。でも植物たちは33億年も前（最も古いラン藻の化石が33億年前の地層から発見されています）から行なっているわけです。まさに驚くべき植物パワー！ですね。

### 細胞の中に別の生き物？

　この葉緑体や好気呼吸に関係する**ミトコンドリア**については次のような説があります。
　すなわち、これらの細胞小器官はもともと別の生物であったというのです。

にわかには信じがたい感じがしますが、根拠として次のような点があげられます。

①これらの細胞小器官は独自のDNAをもち、半自律的に分裂して増殖する。

核の中にDNA（設計図）があることはお話ししましたね。ところが、葉緑体とミトコンドリアは、核とは別の自分専門のDNAをもっているのです。

そして、葉緑体自身があるいはミトコンドリア自身が分裂して数を増やしてしまうのです。

②これらの細胞小器官は異質二重膜でできている。

ある細胞内（Aとします）に別の細胞（Bとします）が入り込もうとすると、次の図のような過程を経るはずです。

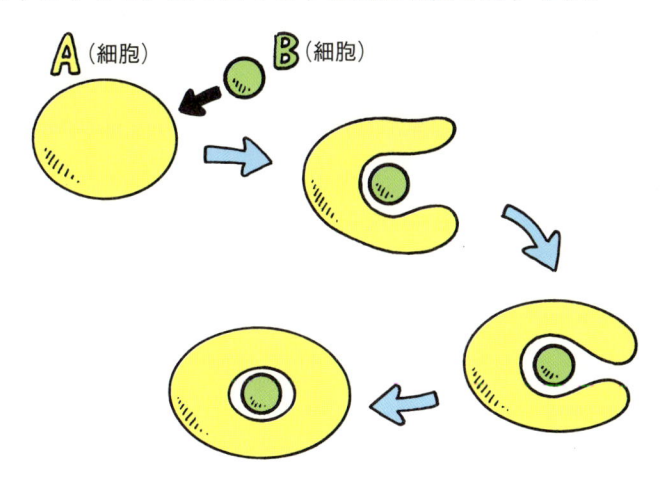

そうすると、入り込んだ細胞の外側の膜はAの細胞のもので、内側の膜はBの細胞のものになるはずです。

葉緑体とミトコンドリアも外側の膜と内側の膜の成分や性質が少し異なる（これを**異質二重膜**といいます）ので、69ページの図のような過程を経て細胞内に入り込んだのでは？と考えられるわけです。

　このように、**別の生物（細胞）が入り込んで、宿主の細胞の中で共同生活しているうちに、細胞小器官になったという考え方を細胞共生進化説**といいます。

　あなたの細胞の中にも、何億年も前には別の生物であったミトコンドリアが存在している、というのは不思議な感じがしませんか。

### 光がなくてもブドウ糖をつくる生物？

　今までは、光を使ってブドウ糖を合成する光合成のお話でした。ところが、光を使わずにブドウ糖をつくってしまうという離れわざが行なえる生物もいるのです。

　近年（といっても1977年）、数千mの海底に生態系があることが発見されました。

　そんな深海には光はまったく届きません。では一体、だれが有機物をつくってくれているのでしょう？

　調べたところ、犯人（？）は**硫黄細菌**という細菌でした。

　この細菌は海底から噴き出してくる硫化水素と酸素を結合させ（酸化させ）、そのとき生じるエネルギーを使ってブドウ糖を合成していたのです。

　このような反応は**化学合成**と呼ばれます。

光合成が太陽から光エネルギーをもらってきてブドウ糖を合成するのに対し、**化学合成はエネルギーも自前なのですから、ちょうど自家発電を行なって、ブドウ糖を合成するようなもの**といえます。
　だから、太陽の光エネルギーさえ届かないところでも生きていけるのです！
　硫黄細菌以外にも、亜硝酸細菌や硝酸細菌なども化学合成を行なうことができます。
　これらはそれぞれアンモニアや亜硝酸を酸化してエネルギーをつくり、このエネルギーを使ってブドウ糖を合成します。

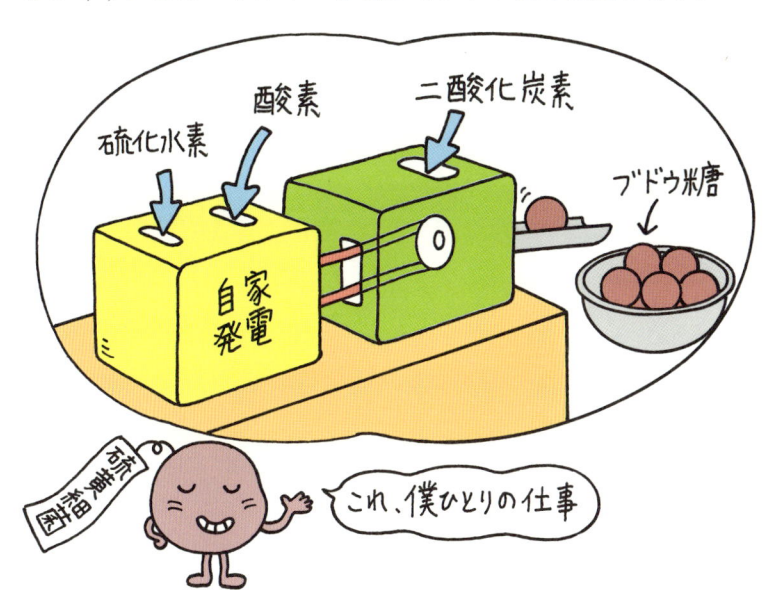

> その3の
> まとめ

## 光合成

### ❶植物と呼吸
　植物は昼間は光合成と呼吸の両方を、夜は呼吸だけを行なっている。

### ❷なぜ葉は緑色か？
　普通の葉が緑色なのは、クロロフィルが緑色を吸収しないから（実際には、クロロフィル以外にもさまざまな補助色素が含まれていて、植物によってはその色が強く表れている場合もある）。

### ❸好気呼吸と光合成
　以下のようにまったく逆の反応。
- 好気呼吸：ブドウ糖　+　酸素　➡　二酸化炭素　+　水
- 光　合　成：水　+　二酸化炭素　➡　酸素　+　ブドウ糖

### ❹化学合成
　光を使わず、自前のエネルギーでブドウ糖を合成する反応のこと。
- 硫　黄　細　菌：硫化水素を酸化して自家発電
- 亜硝酸細菌：アンモニアを酸化して自家発電
- 硝　酸　細　菌：亜硝酸を酸化して自家発電

## 第3章

# 子供のつくり方!?
―― 生　殖 ――

| その1 | 雄も雌もいらない子づくりの方法とは？ |
|---|---|
| その2 | クローン生物はなぜ騒がれるの？ |
| その3 | ウイルスはどうやって増えるの？ |

## その1 雄も雌もいらない子づくりの方法とは？

### 子供のつくり方

「赤ちゃんはどこからくるの？」と子供に聞かれて、ドギマギしながら「あ、あのねコウノトリがね……」という、そんな話ではありません。

どうやったら子供ができるか？

もちろん我々ヒトであれば、お父さんとお母さんがいて、お父さんが精子を、お母さんが卵をつくり、これらが受精すれば子供ができる、ということになります。

そんな当たり前な……と思われるかもしれませんが、生物にはいろいろな子供のつくり方があります。

中には、お母さんはいるけどお父さんがいない、なのに子供ができるとか、お父さんもお母さんもいないのに、子供ができるという、ヒトでは考えられないような子づくりの方法（生殖の方法）があるのです。

いろいろな生物の、たくましい子づくりの方法を見てみましょう。

### 分　裂

最も単純な方法は**分裂**です。

アメーバやゾウリムシのような単細胞（たった1個の細胞で

できている生物）は分裂で増えることができます。

分裂で増えるのは単細胞の生物ばかりではありません。

たとえば、イソギンチャクのような多細胞動物でも、分裂で増えるものもいます。

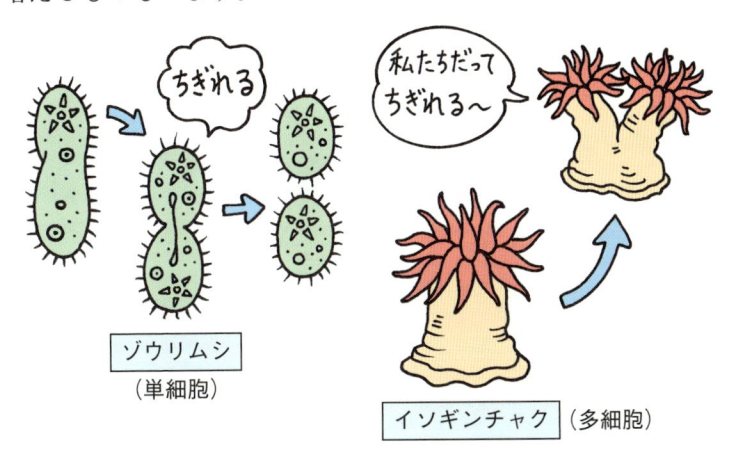

ゾウリムシ（単細胞）

イソギンチャク（多細胞）

## 出 芽

分裂と少し似ていますが、小さい突起が生じ、これがだんだん発達して次の個体になるのが出芽です（芽が出るような感じだから出芽といいます）。

アルコール発酵（56ページ参照）のときに登場した酵母菌というカビは、この出芽で増えることができます。

また、ヒドラという動物も出芽で増えることができます。

我々ヒトが出芽で増えたら気持ち悪いでしょうね。ある朝見たら肩に小さいこぶができていて、これがどんどん大きくなって、やがてヒトの形になってちぎれる～！

想像しただけでもゾッとしますが、ヒドラはそんなふうにして子孫を増やしているのです。

### 栄養生殖

　植物にとって花は生殖のための器官で、これを生殖器官といいます。この生殖器官を使って次の植物をつくるのは当たり前の現象です。

　でも、根や茎や葉といった、**もともと生殖のためでない器官**（これを栄養器官といいます）**からでも次の植物をつくる**ことができます。これを**栄養生殖**といいます。

　ジャガイモのイモ（これは茎の変形です）から次のジャガイモができたり、サツマイモのイモ（こっちは根の変形です）から次のサツマイモができたりしますよね。これが栄養生殖です。

　この栄養生殖はじつはとても身近な現象です。園芸で、挿し木や接ぎ木をしますが、あれも人工的な栄養生殖といえます。

ジャガイモ「私は茎なのよ」
サツマイモ「僕は根なんだ」

## 胞子生殖

カビやシダ植物やコケ植物は**胞子**(ほうし)で増えます。

これもりっぱな生殖方法のひとつです。

コンブやワカメのような藻類も胞子で増えますが、水中生活をする藻類がつくる胞子にはべん毛があり、自分で水中を泳ぐことができます。このような胞子を、特に**遊走子**(ゆうそうし)といいます。

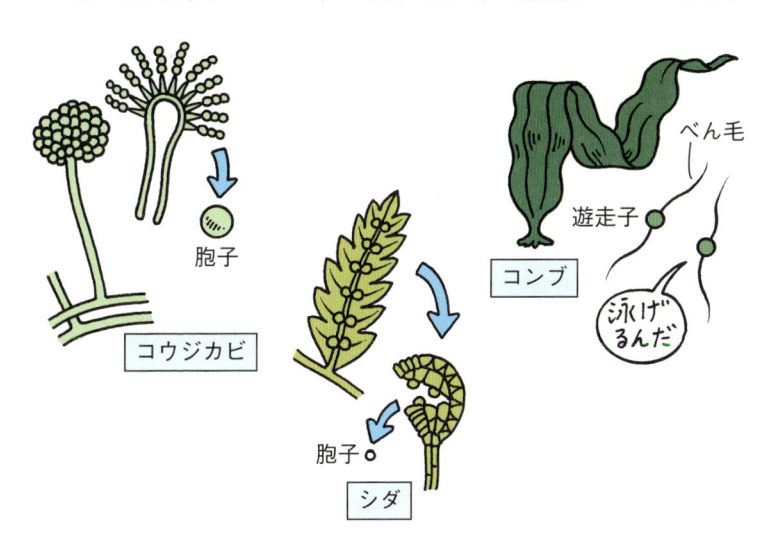

コウジカビ → 胞子

シダ → 胞子

コンブ → 遊走子(べん毛)「泳げるんだ」

### 無性生殖と有性生殖

今まで見てきた生殖方法は、精子や卵（まとめて**配偶子**（はいぐうし）といいます）を使わずに子供をつくる方法でした。

このように、**配偶子を使わないで子供をつくる方法**を**無性生殖**（むせい）といいます。

逆に、配偶子を使って子供をつくる方法を**有性生殖**（ゆうせい）といいます。普通の動物はもちろん有性生殖を行ないます。

### お父さんのいらない有性生殖？！

有性生殖というと、「性」が「有る」という字を書くので、雄（おす）と雌（めす）という両方の性が必要だという印象を与えますが、必ずしもそうではありません。

たとえばアリマキという昆虫（アブラムシともいいます）は春から秋にかけては雌しかいない集団をつくります。雄のアリマキはこの時期には1匹もいないのです。ではこの期間にどうやって増えていくのか見てみましょう。

まず、雌は当然卵をつくります。普通ならこの卵が精子と受精してから次の子供になるわけですが、アリマキの場合は違います。なにせ、受精しようにも雄がいないのですから。

ではどうなるのかといえば、この雌がつくった卵が、受精していないのに、どんどん分裂をしてそのまま次のアリマキになってしまうのです。ヒトでこんなことが起こったら大変。世の中結婚していない母親だらけ！　でも春から秋にかけてのアリ

マキは全部がそういう母親です。

このように、**受精せずに卵だけで次の子供をつくる方法を単為生殖**といいます。

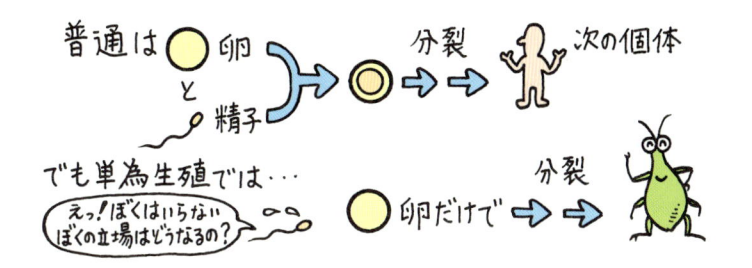

でもいつまでも単為生殖ばかりをしているわけではありません。秋が深まってくると、突然雄が出現し、受精を行なって受精卵をつくります。

この受精卵で冬を越し、春になると受精卵から次の雌のアリマキが生じ、また結婚していない母親の集団をつくっていきます。アリマキの雄はこの受精卵をつくる一瞬のためだけに生まれてくるのです。なんだか哀れな感じがしませんか。

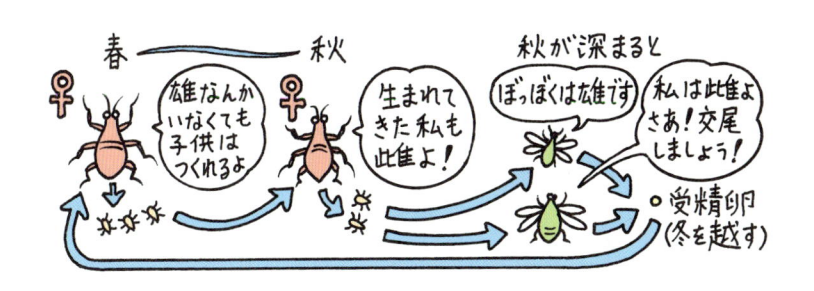

## ミツバチの社会

　おなじみのミツバチも似た生殖方法をもっています。まず、ミツバチの社会がどのようになっているのか見てみましょう。

　いちばん大きな顔をしているのが女王バチです。

　態度が大きいというだけでなく、実際の大きさも他のハチよりずっと大型です。

　最も数が多いのが働きバチです。巣をつくったり、餌を採ってきたり、女王バチの身の回りの世話をしたり、子供を育てたり……と大忙しです。でもこの働きバチは全員雌なのです。巣を守って敵と戦うのも雌の働きバチです。そして、これらとはまた別に雄バチがいます。

　ではミツバチの子づくりの方法を見てみましょう。

　女王バチはもちろん雌で、卵をつくります。雄バチは精子をつくります。これらが受精して受精卵ができるのですが、この受精卵からできるハチはほとんどが働きバチになります。

生育する段階で、た〜っぷりとローヤルゼリーのようなごちそうをもらったものだけが次の女王バチになります。
　ごちそうをもらわなければ働きバチになります。どんな食事をもらったかで運命が決まってしまうのです。
　でもどちらにしても、受精卵からできたハチは雌にしかならないのです。
　では雄バチはどのようにして生じるのでしょう。
　先ほどのアリマキの場合と同じように、卵の中で、受精せず勝手に分裂していったものが雄バチになるのです。
　このように、受精で生じたものは雌バチ（女王バチか働きバチか）に、受精せず単為生殖で生じたものが雄バチになる、という不思議な社会です。
　ここでも雄は寂しい存在のような気がしますね。

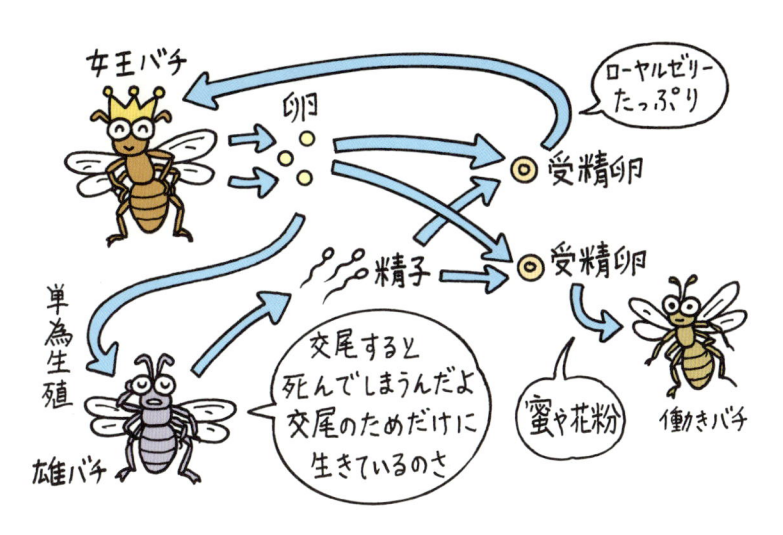

第３章　生殖

### もっと寂しい雄……

寂しいついでに、もうひとつ寂しい雄を紹介しましょう。

ボネリアという動物がいるのですが、雌は体長が2cmくらい、雄は1mm程度の大きさです。

受精卵から生じた幼生が、雌の先端の二またに分かれた突起の部分（吻といいます）に付着すると、この幼生は雄になります。付着しなかった幼生はりっぱな雌になります。

そして雌に付着して雄になった個体は、一生雌に寄生して生きていきます（一生ヒモのような生活です……）。

なんとも情けない雄ですね。

付着すると雄、付着しなかったら雌といいましたが、中には、いったん付着したのに、何かの都合ではずれてしまうものもいます。ではこの幼生は雄になるのでしょうか、雌になるのでしょうか？

正解は、**雄でも雌でもない個体**（**間性**といいます）になります。いろいろな生物がいるものですね。

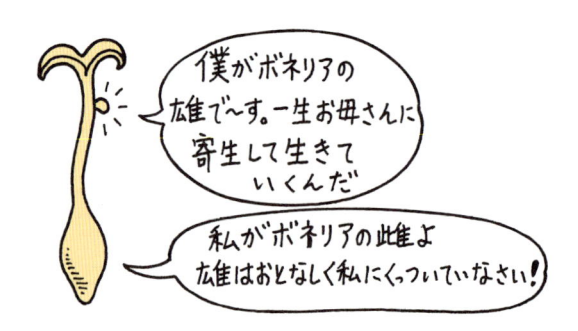

**その1の まとめ** 　**無性生殖と有性生殖**

### ❶無性生殖
配偶子（精子や卵）を使わない子づくりの方法。
- **分　　裂**　例 アメーバ、ゾウリムシ、イソギンチャクなど
- **出　　芽**　例 酵母菌、ヒドラなど
- **栄養生殖**　例 ジャガイモのイモ、サツマイモのイモなど
- **胞子生殖**　例 カビの仲間、シダ植物、コケ植物、藻類など
　　　　　　　　（べん毛をもつ胞子＝遊走子）

### ❷有性生殖
配偶子を使って行なう子づくりの方法。
- 普通は配偶子どうしが合体（受精）する。
- 卵が受精せずに次の子供になる場合もある＝単為生殖。
　例 春から秋にかけてのアリマキ、ミツバチの雄をつくるとき。

### ❸ミツバチの社会
- **女王バチ**：受精卵から生じ、ローヤルゼリーをたっぷりもらって生育する。もっぱら産卵を行なう。
- **働きバチ**：受精卵から生じた雌だが、産卵はせず、巣を守ったり蜜を集めたりする。
- **雄 バ チ**：単為生殖によって生じる。精子をつくるためだけに生きている。

第3章 生殖

## その2 クローン生物はなぜ騒がれるの？

### 精子と卵の出会い

我々ヒトのような動物では、雄が精子を、雌が卵をつくり、これらが受精して**受精卵**をつくります。

この受精卵がどんどん分裂していって次の個体をつくるわけですが、少しだけそのしくみを見てみましょう。

まず、ヒトの子宮とその周辺のようすを説明しましょう。

卵巣の中でつくられた卵が排卵され、グローブのような形をした輸卵管膨大部に吸い込まれます。

精子は膣の方からどんどん泳いできてこの輸卵管膨大部まできます。ここでめでたく精子と卵が出会って受精するのです。

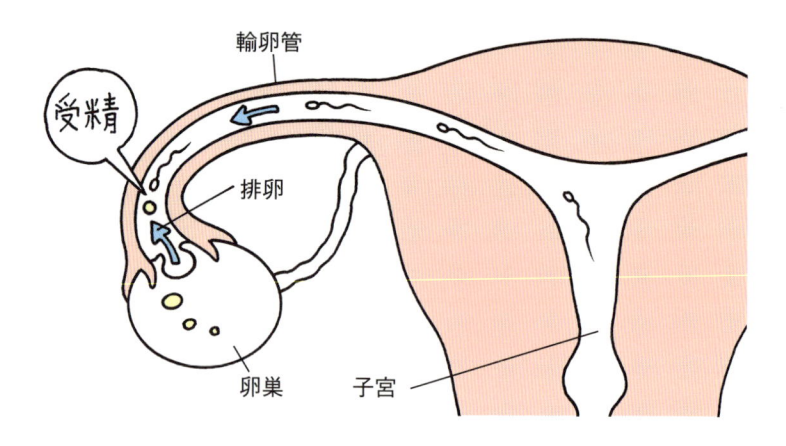

### 卵　割

　受精卵は次のような分裂をしながら輸卵管の中を運ばれていきます。この間の分裂を**卵割**といいます。

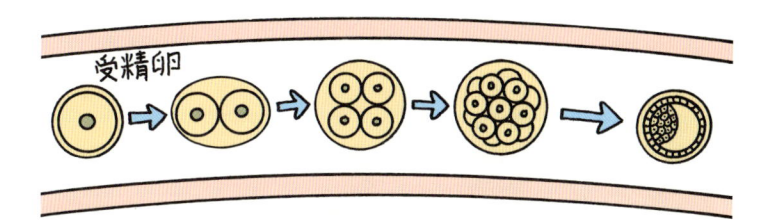

　およそ1週間で**胞胚**（**胚盤胞**）という状態にまで分裂し、子宮内に到着します。そしていよいよ子宮の壁に着きます（着床といいます）。

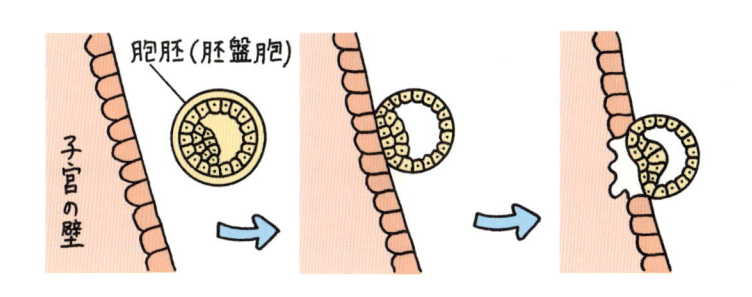

　ところが、子宮内ではなく、輸卵管の中などに着床してしまうこともあります。これが子宮外妊娠です。

### 分化のなぞ

このようにしてたった1個だった受精卵という細胞が60兆個もの細胞に数を増やしていくのです。

そして、ただ単に数が増えただけではなく、**ある細胞は神経に、別の細胞は皮膚にとそれぞれ役割を変えていきます。**

これを**分化**といいます。

では、分化した細胞の核に入っている**遺伝子（DNA）**＝設計図はどうなっているのでしょう？

もともと、受精卵にはすべての設計図が入っているはずですね。でも、たとえば神経細胞であれば、神経として働く設計図しかいらないはずです。神経細胞には目の設計図や腸の設計図は必要ありません。

そこで、ひとつの考え方は、もともとすべてを書き記した設計図をもっていた受精卵の核が、分裂して分化するときに不必要な部分を捨てて、必要な設計図の部分だけをもらってくるというものです。

"DNAの考え方①　部分的な設計図しかもっていない？"

受精卵｛目の設計図／神経の設計図／⋮／腸の設計図｝

分化 → 目の細胞（目の設計図のみ）→ 目
　　 → 神経の細胞（神経の設計図のみ）→ 神経

もうひとつの考え方は、分化した細胞の核にも、受精卵と同じ設計図が入っているのだという考えです。

では、一体どちらが正しいのでしょうか？
これを証明した有名な実験があります。

### クローンカエル

　1970年にイギリスのガードンらがアフリカツメガエルを使って次のような実験をしました。
　まず受精する前の未受精卵から核を除去します。
　これにたとえば小腸の細胞の核を移植するのです。
　もし、「分化した細胞の核は設計図の一部しかもらっていない」のであれば、この場合は小腸の設計図だけをもらっていることになります。
　もし、「分化しても受精卵と同じすべての設計図をもっている」のであれば、小腸以外にもすべての設計図が含まれていることになります。

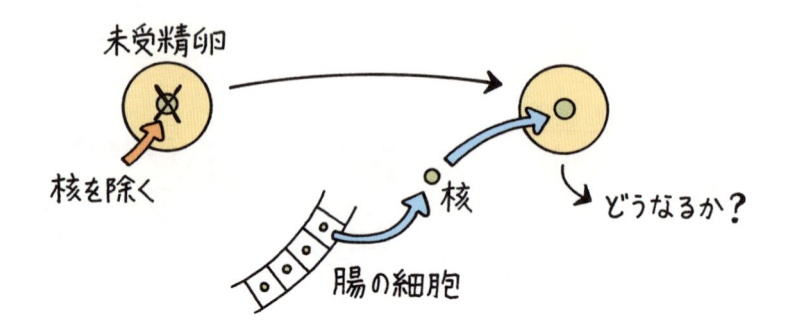

さて、実験の結果はどうなったのかというと、ちゃんと頭も尻尾ももった正常なオタマジャクシができたのです。

もし、「分化した細胞の核が設計図の一部しかもらっていない」のであれば、この場合は小腸の設計図だけもった細胞がどんどん増えて、小腸のお化け（？）にしかなれなかったはずです。それがちゃんと全身をもったオタマジャクシになったということは、小腸の細胞の核にも、皮膚の設計図も、目の設計図も神経の設計図もぜ〜んぶ残っていたということになります。

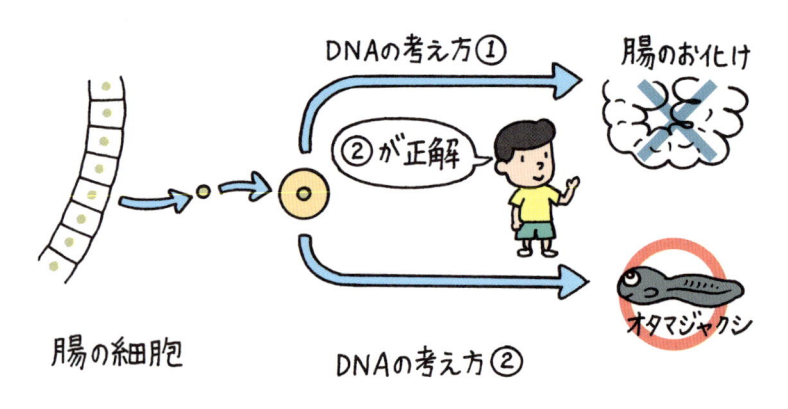

こうやって誕生したオタマジャクシは、核を取り出した親のカエルとまったく同じ設計図（遺伝子）をもっていることになります。このような**遺伝的にまったく等しい個体**を**クローン**といいます。

　しかし、この実験ではオタマジャクシまでは発生したものの、変態して成体のカエルにはなれませんでした。体細胞を使った完全なクローン動物はそう簡単にはつくれないのです。

　このような体細胞を使って人工的にクローンをつくるのは大変ですが、自然に生じるクローンもあります。それは一卵性双生児です。

　これは、受精卵が分裂したとき、何かの都合で2つに分かれ、2人のヒトとして誕生したわけです。

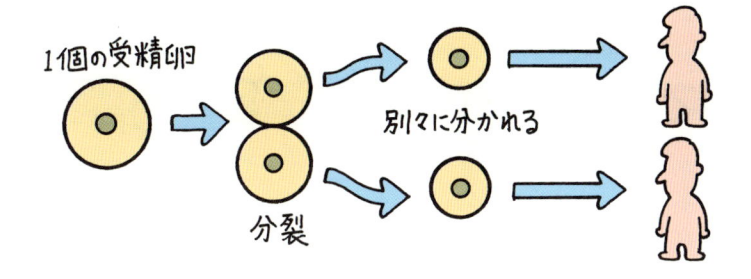

　もちろんこの場合は、まだ分化する以前の細胞から生じたクローンなので、比較的容易に、何の不思議もなく生まれてくるわけです。

　ちなみに、二卵性双生児の場合は、受精卵も2つあるので、兄弟姉妹がたまたま同時に生まれただけで、クローンではありません。

### クローン羊ドリー

1997年、クローン羊がつくられたというニュースが流れました。クローン羊のつくり方も、基本的には先ほどのカエルの場合と同じです。

まず、羊Aの乳腺（にゅうせん）の細胞を培養しておきます。次に、羊Bの未受精卵から核を除き、そこへ乳腺の細胞の核を移植。さらにこれをまた別の羊Cの子宮内で育ててもらい出産させるのです。

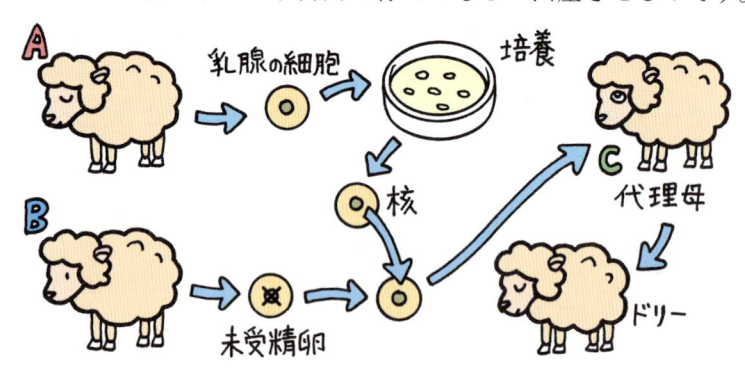

このようにして誕生したクローン羊はドリーと名付けられました。これは、乳腺の細胞を使ったということで、グラマーなドリー・バートンという女性歌手から付けられた洒落っけたっぷりの名前です。

何はともあれ、このようにして今まで不可能とされていた、高等な哺乳類（ほにゅうるい）の体細胞からクローン動物をつくったという点で大きな問題になったのです。

もちろんこれも、**乳腺の細胞であっても、受精卵と同じ設計**

図が残っていたからこそできたわけです。

### クローン人間

　クローン羊ができたのですから、クローン人間も原理的には十分可能です。また実際、クローン人間をつくろうとしている一部の学者もいて問題になっていますね。

　いくら遺伝的に同じクローンであっても、生活環境や教育などによって、もととまったく同じ性格や同じ考え方をもつわけではないので、ヒトラーのクローンができたら……といった面での心配はあまり正しいとはいえません。

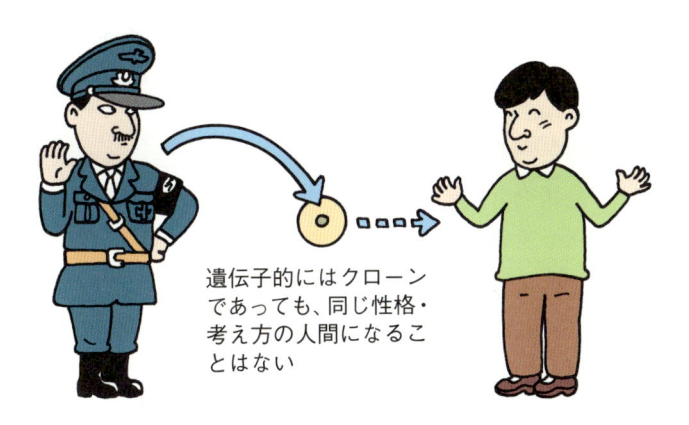

遺伝子的にはクローンであっても、同じ性格・考え方の人間になることはない

　しかし、クローン技術にはまだまだ克服しなければいけない問題がたくさん残っています。

　たとえば、いくら分化した細胞にも受精卵と同じ設計図が入っているといっても、分化した細胞は受精卵から何回も何回も

分裂を繰り返して生じたものですから、細かい部分では傷がついていたりするはずです。

実際、クローン動物は寿命が短いのでは、ともいわれています。また、クローン羊の場合277個の細胞を使い、実際にクローン羊として誕生したのはドリーただ1頭だったというように、成功率はまだまだ非常に低いのです。

クローン羊以外にもクローン牛（これは日本が第1号）も誕生していますが、これも成功率は高くありませんし、また、胎児が異常に大きくなりすぎ母親に悪影響があったり、死産であったり、出生後すぐに死んでしまうということが多いようです。

そういう点から見ても（もちろん倫理面からも宗教上からも）安易にクローン人間をつくろうとするのは危険な感じがします。

### 再び分化のなぞ

では、受精卵と同じだけの設計図をもっているにもかかわらず、なぜ、いろいろな種類の細胞に分化できるのでしょうか？

それは次のように考えられています。

たとえば乳腺の細胞にもすべての設計図が入っているのだけれど、必要なのは乳腺の設計図だけなので、他の不必要な部分は働かないように抑制されているのです。

ちょうど設計図が1冊の本だとすると、必要なページだけを開いて、あとはクリップで閉じてしまうのです。

不必要なページがクリップで留められること、これが分化というように考えることができます。

このようにして、設計図のどのページが開くかの違いによって皮膚の細胞になったり、神経の細胞になったりしていくわけです。

　逆にいえば、分化していた細胞がもつ設計図のクリップを全部はずして、受精卵と同じような状態に戻すことができたからこそ、クローン生物を誕生させることができたというわけです。

　さらにいえば、このリセットがうまくいかない場合には、正常なクローン生物がつくれないことになります。いかにして確実に安全にリセットさせられるか、まだまだ乗り越えなければならない問題はたくさん残っているようです。

### 万能細胞

　最近注目されているのが**ES細胞**と呼ばれるものです。

　受精卵が分裂して胞胚（胚盤胞）という状態になる話をしましたが、その時期の内部にある細胞を取り出して、人工的に培養し、**分化しないままで細胞分裂だけを続けるという細胞**をつ

くり出すことに成功しています。これがES細胞（**胚性幹細胞**（はいせいかん））です。

　最初はマウスでES細胞がつくられたのですが（1981年）、1998年にはついにヒトのES細胞がつくられました。

　このES細胞は、このままでは分裂するだけで分化しないのですが、いろいろな条件を与えることで、特定の器官に分化する能力を秘めた**万能細胞**なのです。

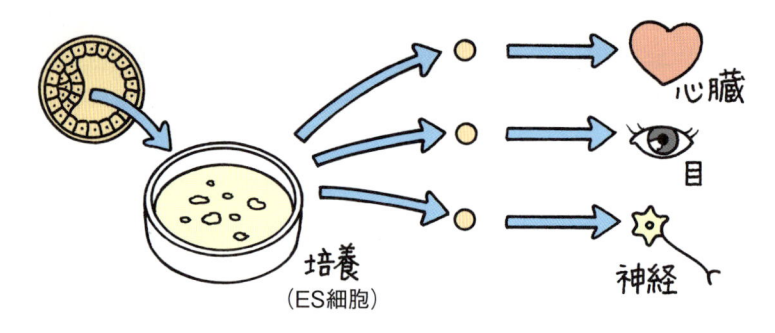

培養
（ES細胞）
心臓
目
神経

　このES細胞を使った研究が進めば、このES細胞をたとえば心臓に分化させたり、皮膚にだけ分化させたりして、移植に使うことができるのです。

　そうなれば、ドナーの提供を待たなくても、自在に必要な臓器をつくって移植することができる……そんな時代もそう遠くないのかもしれません。

　もちろん、ヒトの細胞を扱うことに対しては、安全性の面からも倫理面からもあるいは宗教上の問題からも慎重に行なわなければいけないのは当然です。

## iPS細胞

　ES細胞の欠点を補い、将来の再生医療を担うエースになるであろうと期待されているのが**iPS細胞**です。これは、2006年に京都大学の**山中伸弥**教授らによって世界で初めて作製されました。

　iPS細胞とはinduced pluripotent stem cellの略ですが、日本語では**人工多能性幹細胞**と呼ばれます。iPS細胞は、皮膚にある繊維芽細胞という細胞に、**ある特定の遺伝子を導入して未分化の状態にした**もので、体を構成するあらゆる細胞に分化する能力を秘めた細胞なのです。

　ES細胞の場合は、胚盤胞の時期の内部にある細胞（**内部細胞塊**といいます）という、胚すなわち赤ちゃんになりうる細胞をもとに作成しているという点が、倫理的にも大きな問題になっていたのですが、iPS細胞は体の細胞をもとに作製しているので、このような**倫理的問題もクリアできる**と考えられます。

　また、自分の体細胞からiPS細胞を作製し、これをもとに作製した臓器を用いれば、従来の移植に比べて、拒絶反応の心配も大幅に減りますし、ドナーの提供を待ったりという必要もなくなるでしょう。

　まさに夢のような細胞なのですが、遺伝子を導入することでがん化の危険性があることなど、まだまだクリアしないといけない問題もあります。でもきっと近い将来、iPS細胞を用いた再生医療が現実のものになると思います。

**その2の まとめ**

## 細胞の分化とクローン

### ❶ 分化のしくみ
- 受精卵から始まる分裂を卵割という。
- 細胞分裂によって数が増えた細胞は、さらに働きの異なる細胞へと分化していく。
- 分化した細胞の核にも、受精卵と同じ設計図が入っている。
- 設計図のうちのどの部分が働くかによって働きの異なる細胞に分化していく。
- 設計図のうちの不要な部分をクリップ留めすることが分化である。

### ❷ クローンとは？
- 同じ設計図をもった個体をクローンという。
- 一卵性双生児は自然に生じたクローン。
- 乳腺の細胞の核から生まれたのがクローン羊ドリー。

### ❸ ES細胞やiPS細胞とは？
　あらゆる臓器に分化する能力を秘めているのがES細胞やiPS細胞。これらの細胞を使う研究がどんどん進められている。
　やがて自在に臓器をつくって、移植に使える時代がやってくる!?

## その3 ウイルスはどうやって増えるの?

### ウイルス

　第1章のその1で、ウイルスは生き物ではない！というお話をしましたね。
　その理由は、ウイルスは細胞でできていないこと、酵素をもたず代謝を行なわないこと、刺激に対して反応しないことなどでした。ところが、まったくの無生物ではなく、生物の最も大切な特徴である自己複製を行なうことだけはできる、という生物と無生物の中間的な存在がウイルスでした。

### $T_2$ファージとは

　代表的なウイルスの一種として**バクテリオファージ**というものについて見ていきましょう。
　バクテリオファージは、細菌（大腸菌など）に感染するウイルスなのですが、そのバクテリオファージの一種に**$T_2$ファージ**というウイルスがいます。
　右図が $T_2$ ファージの姿です。とても生物には見えない姿ですね。大きさは約0.2μm（1mmの5000分の1）という小ささです（これでもウイルスの中ではかな

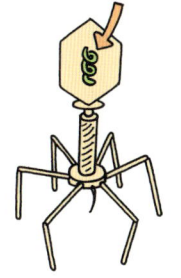

り大きいほうなのですが)。一方、大腸菌は1個の細胞でできていますが、大きさは約2μm（1mmの500分の1）です。

ですからウイルスは1個の細胞よりももっともっと小さいということです。

そして、六角形の頭のような部分の中に設計図（DNA）が入っていますが、あとはタンパク質でできた殻だけで、細胞膜も、酵素もミトコンドリアもな〜んにももっていないのです。

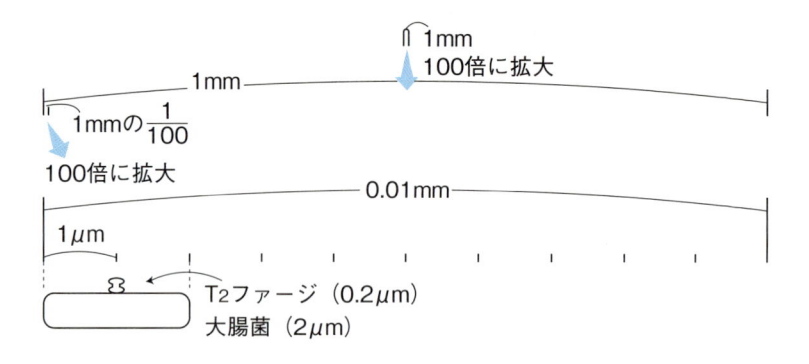

1mm
1mm 100倍に拡大
1mmの$\frac{1}{100}$
100倍に拡大
0.01mm
1μm
T₂ファージ（0.2μm）
大腸菌（2μm）

### T₂ファージの子づくり

では、このT₂ファージがどうやって子孫をつくっていくのか見てみましょう。じつはウイルスは、自分だけでは子孫がつくれません。必ず他の生物が必要なのです。T₂ファージの場合は大腸菌が必要です。そこでまずT₂ファージは大腸菌に付着します。次に六角形の部分に入っていた設計図（DNA）を大腸菌の中に注入します。

すると、この**T₂ファージの設計図（DNA）が働いて、大腸**

菌に、$T_2$ファージの子供をつくらせるのです。

　すなわち、大腸菌のエネルギーを借りてきて、大腸菌のもっている物質を横取りし、大腸菌の工場（リボソーム）を乗っ取って、大腸菌自身の体ではなく、$T_2$ファージの子供の体を大腸菌につくらせるのです。

　ちょうど、お金も従業員も工場もない小さな会社が、スパイを大会社に送り込んで、大会社のお金を使い、大会社の従業員を使い、大会社の工場を使って自分の製品をつくらせる、企業乗っ取りのようなものです。

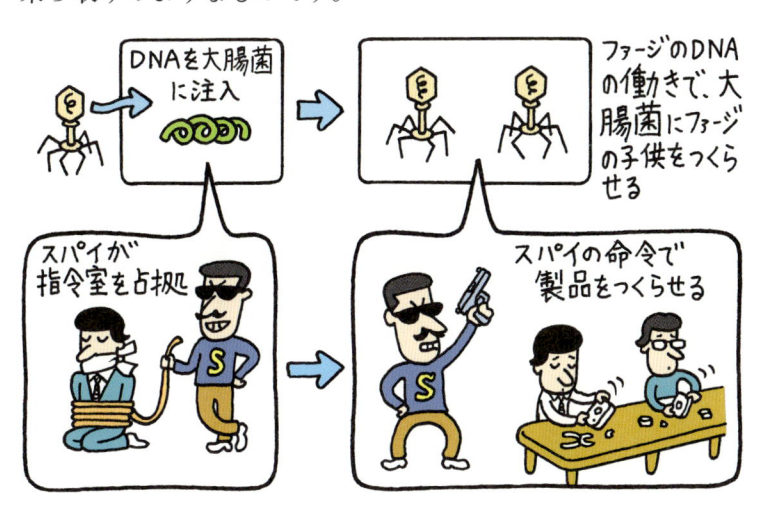

　そして、さんざん大腸菌を利用して $T_2$ ファージの子供をつくらせたら、最後は大腸菌を破壊して、生じた子供 $T_2$ ファージが飛び出していって、また、次の大腸菌に付着して……というようにして増えていくのです。

### ウイルスは原始的？

　考えてみればウイルスは、自己複製に最低限必要な設計図（DNA）とそれを守る殻（タンパク質）以外を全部捨てて身軽になった、**究極の自己複製体**ともいえるかもしれません。

　ですから、このような単純な構造しかもたないウイルスですが、けっして一人前の生物が進化する前の不完全で原始的なものではなく、他の一人前の生物が進化したあとで生じてきたものだと考えられています（だって、他の生物がいなかったらウイルスだけでは増殖できないのですから）。

　このような細菌に感染するウイルスであろうが、動物に感染するようなウイルス（インフルエンザウイルスやエイズウイルスなど）であろうが、基本的な増え方は同じです。たとえばインフルエンザウイルスなども、我々ヒトの細胞内に設計図を注入します。あとは、我々ヒトのエネルギーが勝手に使われ、ヒトの栄養物質も勝手に使われて、インフルエンザウイルスをつくらされてしまうのです。その揚げ句に、ヒトの細胞は破壊され、そのたびにインフルエンザウイルスが飛び散っていく……いやはや、ウイルスとはなかなかしたたかなヤツなのです。

### プリオンって？

　最近問題になったのが狂牛病です。正確には**ウシ海綿状脳症（BSE）**といいます。この狂牛病の原因といわれているのが**プリオン**です。狂牛病にかかった牛の肉骨粉（内臓やくず肉、

骨をミキサーにかけ、脂肪分を抜き、加熱して乾燥させて細かく砕いたもの）を食べた牛がまた狂牛病にかかるということですから、このプリオンもちゃんと増殖するはずです。

　ということはこのプリオンは生き物？と考えたくなりますが、残念ながら（？）プリオンは生き物ではありません。ウイルスでもありません。

　**プリオンはただのタンパク質なのです**。設計図となるような核酸（DNA）すらもっていません。では、いったいどのようにして、プリオンは増えていくことができるのでしょうか？

## プリオンはどうやって増える？

　じつは正常な牛にも、また我々正常なヒトにもプリオンというタンパク質はもともと存在しています。

　ところが何かの原因でこのプリオンの形がおかしくなってしまうことがあるのです。このおかしな形のプリオン（異常型プリオン）が体内に入ると、異常型プリオンが正常なプリオンに働きかけて、正常なプリオンの形をおかしな形に変えてしまいます。形が変わってしまったプリオンは、また次の正常なプリオンをおかしくしてしまう……といった方法で異常型プリオンが増えていき、発病してしまうのです。

　さっき見てきたウイルスともまったく異なる増え方ですね。

　このように、異常なプリオンそのものが分裂したりして増えているのではないのです。正常なプリオンを変形させて、仲間にしてしまっているだけなのです。

ちょうど、吸血鬼の増え方に似ていませんか？

　吸血鬼が子供をつくるのではなく、ヒトの血を吸うことで、普通のヒトを吸血鬼にしてしまう。するとその新しい吸血鬼がまた普通のヒトを吸血鬼に変えていって仲間を増やしていく……。

　正確な意味では自己複製とは呼べないかもしれませんが、じつに巧妙に増えていく方法のひとつですね。

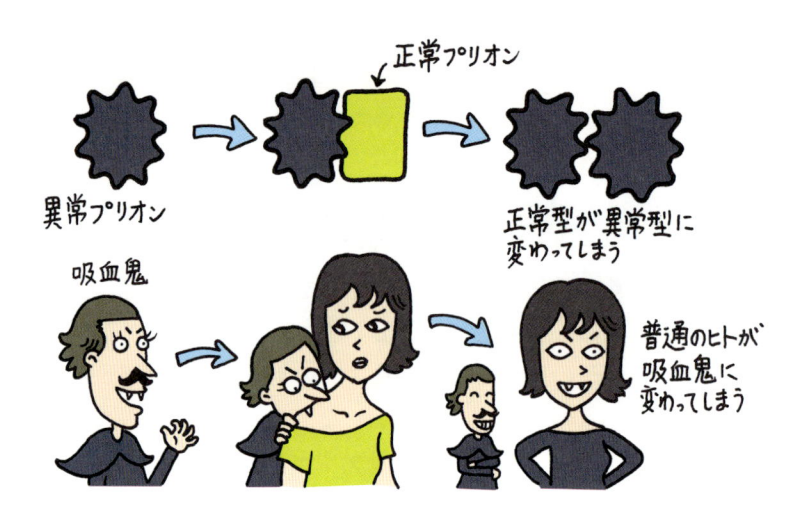

異常プリオン　　正常プリオン　　正常型が異常型に変わってしまう

吸血鬼　　　　　　　　　　　普通のヒトが吸血鬼に変わってしまう

### 頑丈なプリオン

　45ページで、タンパク質は熱に弱い、という話をしました。

　それならば、プリオンだってタンパク質なのだから、焼いたり煮沸したりすれば大丈夫のような気がしますね。ところが、この異常な形をしたプリオンは、非常に小さく折り畳まれた構造をしており、少々の熱では平気なのです。さらに、タンパク

質分解酵素によっても分解されないなど、とても頑丈です。だから肉骨粉のように、肉を砕いたり加熱しても感染してしまうのです。

普通の生物なら、設計図（DNA）は紫外線や放射線に弱いので、細菌などを殺すために、紫外線照射は有効な方法です。

ところが、このプリオンにはDNAなども含まれていないのですから、**紫外線を照射してもびくともしないのです。**

ただ、このような**異常プリオンは主に脳や脊髄に集中する**ので、**普通の食肉部分や牛乳などまでむやみに恐がり、過剰に反応しすぎてパニックになる必要はない**と思われます。

もちろん危険性を無視するのも正しい方法ではありませんし、危険性を隠したりするのはもっと正しい方法ではありません。正しい情報を冷静に見ていく必要があるでしょう。

また、プリオンの増殖を抑える薬（マラリアの治療薬の一種や精神薬の一種で有効性を確認）も研究中だそうです。

## その3のまとめ ウイルスやプリオンの感染

**❶ウイルスの増え方**
　他の生物を利用して自分の子孫をつくらせる。ウイルスは設計図とその入れ物だけをもった、究極の自己複製体。

**❷プリオンの増え方**
　異常型が正常型を異常型に変えることで仲間を増やす。

# 第4章

# カエルの子はカエル
―― 遺　伝 ――

| その1 | なぜ遺伝するの？ |
| その2 | 身近な遺伝を教えて！ |
| その3 | トンビがタカを生む？ |

## その1 なぜ遺伝するの?

### ペアの染色体

　設計図（**DNA**）の入れ物が**染色体**でしたね。この染色体の動きを見てみましょう。

　精子の中にも染色体があり、父親の遺伝子が入っています。
　卵の中にも染色体があり、母親の遺伝子が入っています。
　精子と卵が受精して**受精卵**となり、これが分裂して子供が生じるのですから、子供の細胞には**父からもらった染色体と母からもらった染色体の両方**が含まれているはずですね。

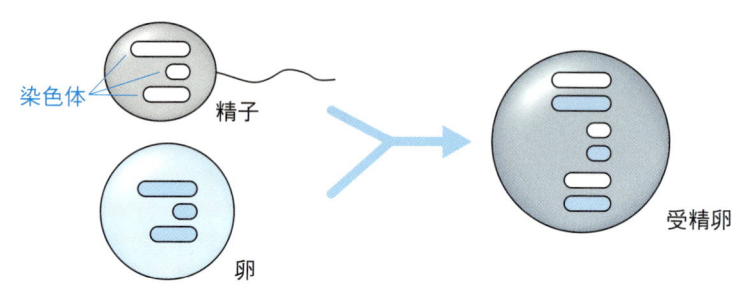

染色体　精子
卵
受精卵

　しかも、父が目の形に関する遺伝子を含む染色体をもっていれば、母も目の形に関する遺伝子を含む染色体をもっているはずです。
　したがって、生まれた子供は**目の形に関する遺伝子を含む染色体を2本もつ**ことになります。
　このように同じ種類の形質に関する遺伝子（この場合では、

目の形に関する遺伝子）を**対立遺伝子**といい、対立遺伝子を含むペアの染色体を**相同染色体**といいます。

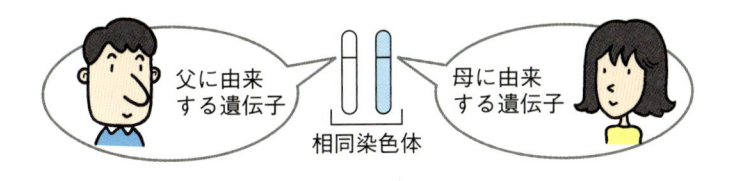

父に由来する遺伝子　相同染色体　母に由来する遺伝子

### 耳垢も遺伝する！

もう少し具体的に見てみましょう。

たとえば、耳垢についてはカサカサとした耳垢（**乾性**）とネチャネチャとした耳垢、俗に猫耳という耳垢（**湿性**）の2種類がありますが、これも遺伝子によって決定されるのです！

そこで、父は乾性の耳垢で精子の中にも乾性の遺伝子、母は湿性の耳垢で卵の中にも湿性の遺伝子が入っていた、と考えてみましょう。

そうするとこの場合、生まれてくる子供は乾性の遺伝子と湿性の遺伝子、この両方の遺伝子をもっていることになりますね。

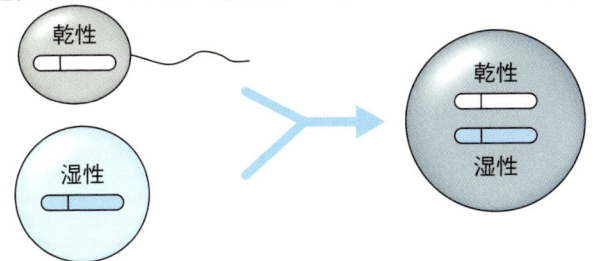

## 優れているわけではないのに優性？

では、この子供は右耳だけが乾性で左耳が湿性になるのかというと、そうではありません。両耳とも湿性の耳垢になるのです。これは**遺伝子の働き方に強弱があり、強いほうの遺伝子だけが働く**——という特徴があるからです。耳垢の場合は湿性の遺伝子のほうが強いので、両方の遺伝子があっても湿性の遺伝子だけが働き、両耳とも湿性の耳垢にしてしまうのです。

このように、結果的にその働きが現れるほうの遺伝子を**優性遺伝子**、働きが隠されてしまうほうの遺伝子を**劣性遺伝子**といいます。

そして、優性遺伝子の働きで現れた形質を**優性形質**（この場合は湿性）、劣性遺伝子の働きで現れた形質を**劣性形質**（この場合は乾性）といいます。

**優れている、劣っているという漢字で表記しますが、けっしてそのような意味はありません**。べつに耳垢が湿性のほうが生きていくうえで有利だったり、お金持ちになれるわけでもありません。逆に乾性の耳垢だからといって、寿命や偏差値や就職に影響があるはずもありません！

ただ単に、働きが現れるか現れないかというだけですので、くれぐれも乾性の人も悲観しないように（僕も乾性です）！！

これはちょうど黒い下敷きと透明の下敷きのようなものです。この2枚を重ねると、黒しか見えませんね。このように優性遺伝子は黒い下敷き、劣性遺伝子は透明の下敷きみたいなものなのです。

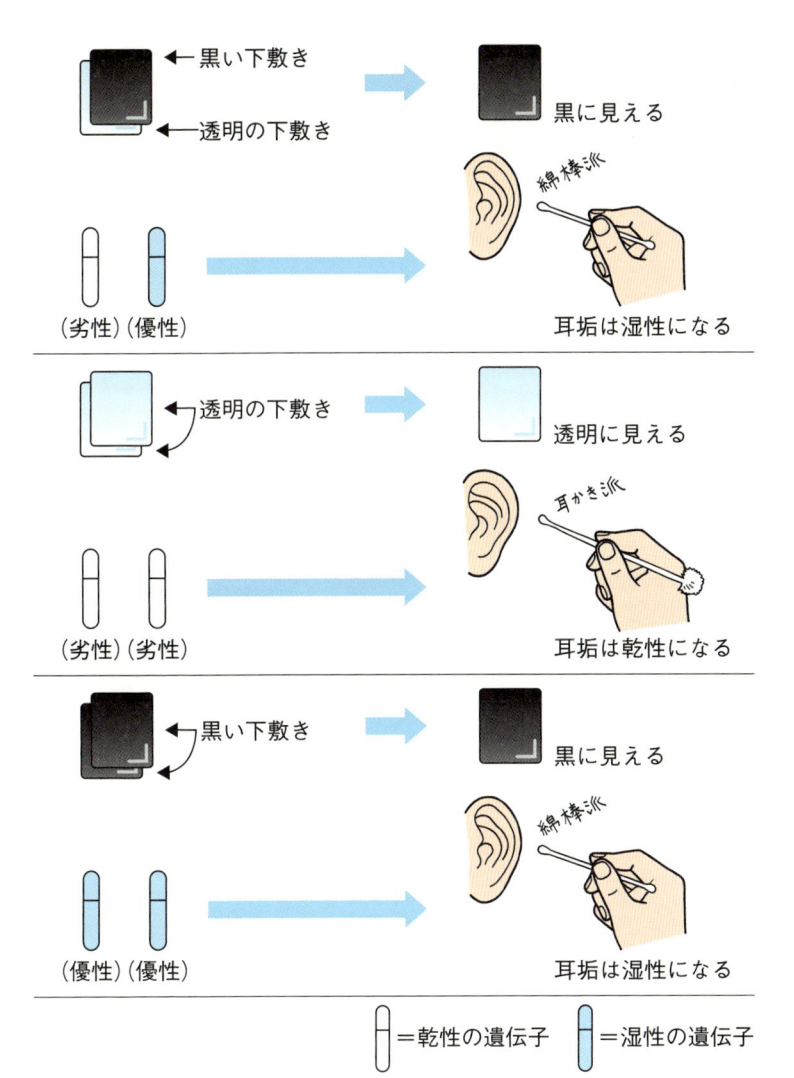

←黒い下敷き
←透明の下敷き
→ 黒に見える

綿棒派
耳垢は湿性になる
（劣性）（優性）

←透明の下敷き
→ 透明に見える

耳かき派
耳垢は乾性になる
（劣性）（劣性）

←黒い下敷き
→ 黒に見える

綿棒派
耳垢は湿性になる
（優性）（優性）

｜=乾性の遺伝子　｜=湿性の遺伝子

第4章 遺伝

このようにして働いているほうの遺伝子が伝わるということもあれば、たまたま働いていないほうの遺伝子が子供に伝わるということもあります。さらに、伝わっても働きが現れない場合もあるのです。
　だから、あるところは似ていて、別の部分は少しも似ていない、ということになるのです。
　でも、いずれにしても両親の遺伝子をしっかり受け継いで子供は生まれてくるわけです。

### 子供から孫へ

　さて、先ほど生まれた、耳垢が湿性の子供（仮に男の子だったとします）がやがて大きくなって、耳垢が乾性のかわいい彼女（？）と結婚したとしましょう。
　湿性の耳垢をした男の子が精子をつくるとき、自分のもっていたペアの染色体（相同染色体）を別々の精子に分配します。
　このような分裂を**減数分裂**といいます。
　その結果、湿性の遺伝子をもった精子と乾性の遺伝子をもった精子の2種類ができることになります。
　一方、彼女は耳垢が乾性なので、乾性の遺伝子ばかりをもち、湿性の遺伝子はもっていないはずですね（湿性の遺伝子が優性遺伝子なので、湿性の遺伝子があると耳垢は湿性になってしまうからです）。
　彼女もペアの染色体を分配して卵をつくりますが、いずれにしても乾性の遺伝子をもつ卵しかできません。

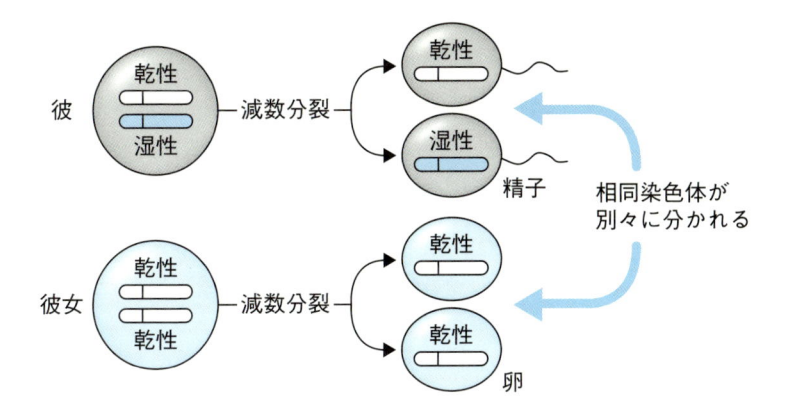

これらの精子と卵が受精して次の子供が生まれるわけですが、たまたま湿性の遺伝子をもつ精子が受精するか、乾性の遺伝子をもつ精子が受精するかは、偶然によって決まりますので、生まれてくる子供も耳垢が湿性か、乾性かは5分5分の確率ということになります。

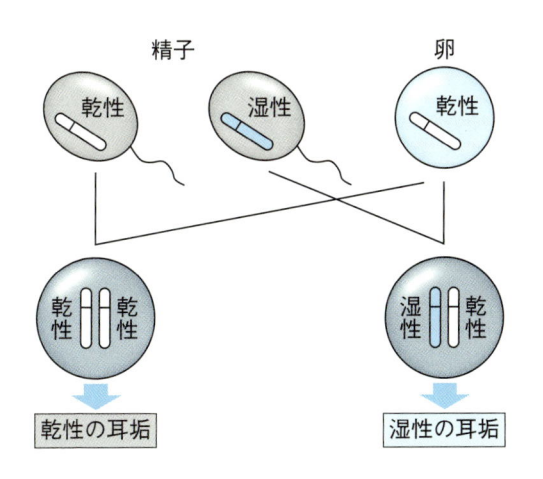

### 遺伝子を記号で表してみよう！

いちいち乾性の遺伝子……というのも大変ですね。そこで遺伝子を記号で表していくことにしましょう。

ふつうは、**優性遺伝子をアルファベットの大文字、劣性遺伝子を同じアルファベットの小文字を使って書きます。**

たとえば耳垢が湿性の遺伝子をA、乾性の遺伝子をaとおくことにします。

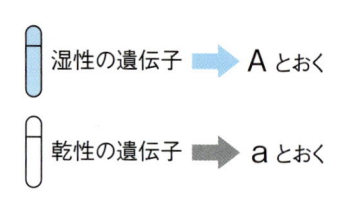

湿性の遺伝子 ➡ Aとおく

乾性の遺伝子 ➡ aとおく

すると、耳垢に関して次のような3種類の遺伝子の組み合わせが考えられますね。

遺伝子記号を2つ書くのは、ペアの染色体（相同染色体）が2本あり、それぞれに遺伝子があるからです。

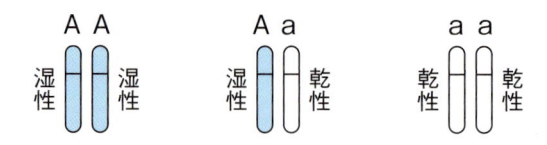

AA　　Aa　　aa
湿性湿性　湿性乾性　乾性乾性

先ほどの子供はこの遺伝子記号を使えばAa、その彼女はaaと表すことができます。

Aaの彼がつくる精子はAとaの2種類、aaの彼女がつくる卵はaの1種類です。

この精子と卵が受精すると、生じる子供はAaかaaのいずれかということになります。

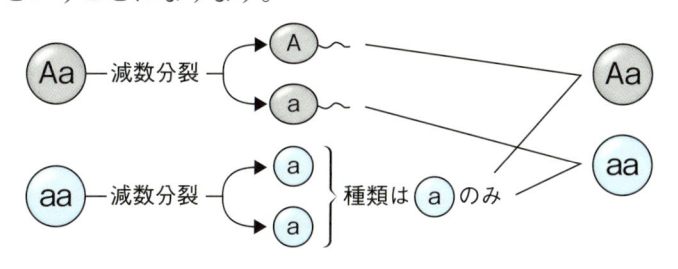

```
Aa ─ 減数分裂 ─→ A ─┐        ┌─ Aa
                  a ─┤        │
                                ├─ aa
aa ─ 減数分裂 ─→ a ─┐種類は a のみ
                  a ─┘
```

ここでひとつ、クイズを出しますので考えてみてください。

### Quiz
**人名は実在の人物とは関係ありません！**

**Q** 太郎君の耳垢は乾性、花子さんの耳垢も乾性です。

　さて、この2人から耳垢が湿性の子供が生まれるような可能性はあるでしょうか？

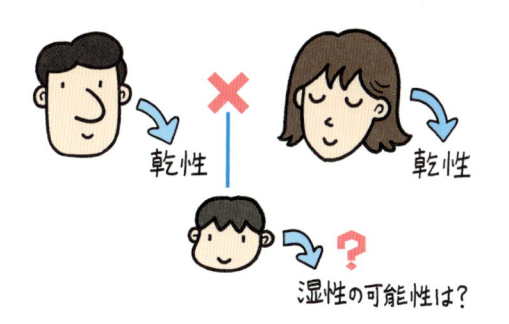

乾性　　乾性
湿性の可能性は？

113

**A** 太郎君も花子さんも乾性なので、遺伝子型はaaです。aaとaaからはaaの乾性の子供しか生まれることはありません。

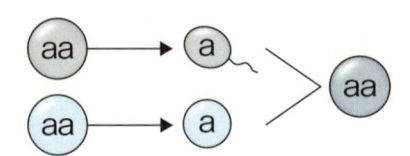

## Quiz

**Q** シズカさんの耳垢は湿性です。シズカさんには2人のボーイフレンドがいます。耳垢が湿性のタクヤ君と耳垢が乾性のノビタ君です。シズカさんにあるとき耳垢が乾性の子供が生まれました。シズカさんはノビタ君に「あなたの子よ。責任取ってよ！」と迫りました。でもノビタ君は「タクヤともつきあっているんだろう。タクヤの子供かもしれないじゃないか」と反論しました。さて、ノビタ君の言い分は正しいでしょうか？

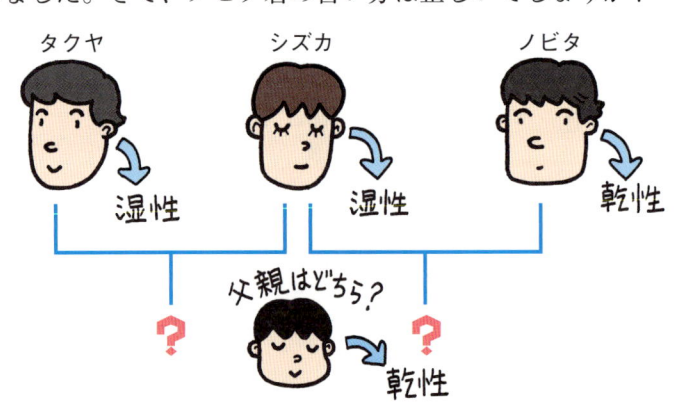

**A** シズカさんの遺伝子型がAAであればけっして遺伝子型がaaの乾性の子供は生まれません。

乾性の子供が生まれたということは、**シズカさんの遺伝子型はAaであった**ということになります。

ノビタ君の遺伝子型はaaなので、この2人からは2分の1の確率でaaの子供は生まれてきます。ノビタ君が父親である可能性は十分あります。

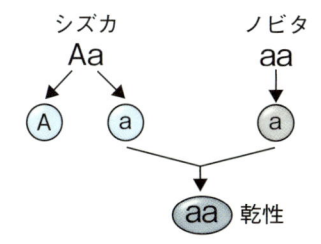

```
      シズカ        ノビタ
       Aa           aa
      ↙  ↘          ↓
    (A)  (a)       (a)
           ↘       ↙
           (aa) 乾性
```

でもタクヤ君の遺伝子型がAaだとすると、4分の1の確率ですが、aaの子供が生まれてきます。

一見、乾性の子供が生まれたので、ノビタ君だけが疑われましたが、タクヤ君にも父親の可能性はあるということで、ノビタ君の言い分は正しいということになります。

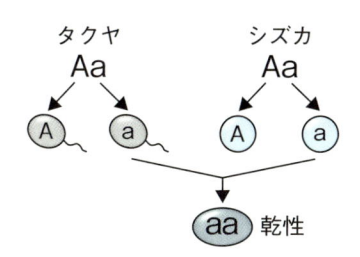

```
      タクヤ        シズカ
       Aa           Aa
      ↙  ↘         ↙  ↘
    (A)  (a)     (A)  (a)
            ↘    ↙
           (aa) 乾性
```

## その1のまとめ　遺伝子の優性と劣性

### ❶ 相同染色体

精子の染色体と卵の染色体をもらって生まれてくるので、ペアの染色体を2本ずつもっている。このペアの染色体を相同染色体という。

相同染色体には同じ形質に関する遺伝子が含まれている。

### ❷ 減数分裂

精子や卵をつくるときに、相同染色体は離ればなれになって、精子や卵に分配される。このような分裂を減数分裂という。

### ❸ 優性形質と劣性形質

遺伝子の働き方には強弱がある。働きが現れるほうを優性遺伝子、働きが隠れるほうを劣性遺伝子という。

優性遺伝子の働きで現れた形質を優性形質、劣性遺伝子の働きで現れた形質を劣性形質という。

（けっして優れているとか劣っているという意味ではない！）

### ❹ 遺伝子の表し方

一般に、優性遺伝子をアルファベットの大文字で、劣性遺伝子をアルファベットの小文字で表す。

劣性形質を表す遺伝子型は1通り（aa）しかないが、優性形質を表す遺伝子型は2通りある（AAとAa）。

## その2 身近な遺伝を教えて！

### ABO式血液型

これまで見てきた耳垢以外にも、目が二重か一重か（二重が優性）とか、舌を丸められるかどうか（丸められるほうが優性）などの性質も遺伝します。

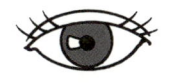

二重のほうが優性　　舌を丸められるほうが優性

でもいちばん身近な遺伝といえば、**ABO式血液型**（占いでもおなじみのA型、B型、O型、AB型の4種類に分ける血液型）の遺伝でしょうね。

この場合、3種類の遺伝子が関係します。

A型にする遺伝子（Aとします）、B型にする遺伝子（Bとします）、O型にする遺伝子（Oとします）の3種類です。

A遺伝子やB遺伝子はO遺伝子に対して優性です。したがって、遺伝子型がAAでもAOでも血液型はA型、遺伝子型がBBでもBOでも血液型はB型になります。

そして、遺伝子型がOOの場合のみ、血液型がO型になります。ところが、A遺伝子とB遺伝子の間には優劣関係がありません（このような関係を**不完全優性**といいます）。したがって、

A遺伝子とB遺伝子の両方があると、その両方の遺伝子が働くことになります。

その結果、遺伝子型がABの場合は、血液型がAB型となるのです。

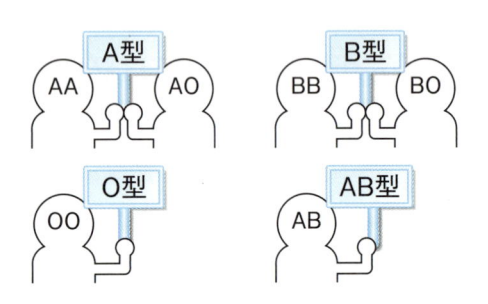

**A型**: AA, AO
**B型**: BB, BO
**O型**: OO
**AB型**: AB

## Quiz

**Q** A型の父とA型の母からO型の子供は生まれるでしょうか？

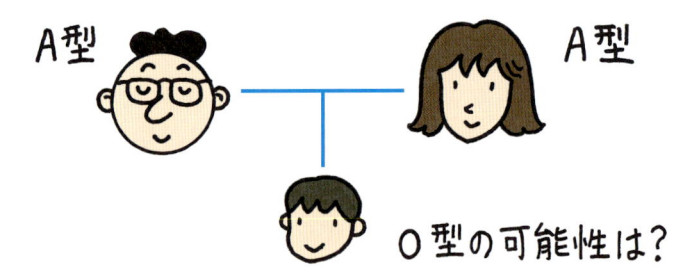

A型 — A型

O型の可能性は？

ヒント：A型の場合、遺伝子型はAAかAOかの2通りの可能性がありましたね。

**A** 両親のどちらかでも遺伝子型がAAであればO型の子供は生まれません。でも、両親とも遺伝子型がAOであればO型が生まれる可能性があります。

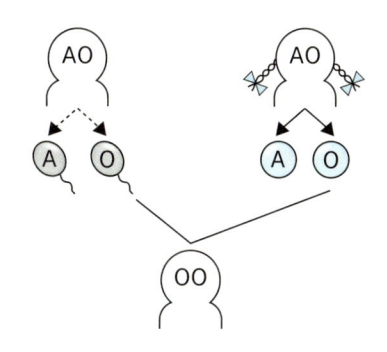

同じように考えると、**遺伝子型がAOとBOの組み合わせからはA型もB型もAB型もO型も生まれる可能性がある**ことになります。

逆に考えると、A型とB型の両親からもしO型の子供が生まれれば、両親の遺伝子型はAOとBOであったとわかります。

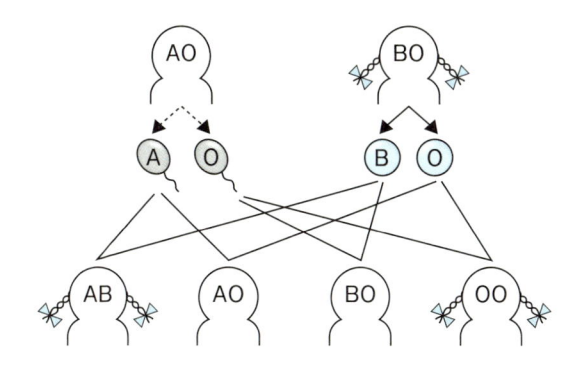

## Quiz

**Q** O型の女の子と、B型の男の子（ただし男の子の両親はともにAB型）からO型の子供は生まれるでしょうか？

**A** AB型の遺伝子型はABなのでABとABの組み合わせからは遺伝子型がAA、BB、ABの3通りの子供しか生まれません。

したがって、AB型どうしから生まれたB型の男の子の遺伝子型はBBです。このBBとOOからは遺伝子型がBOのB型の子供しか生まれないはずです。

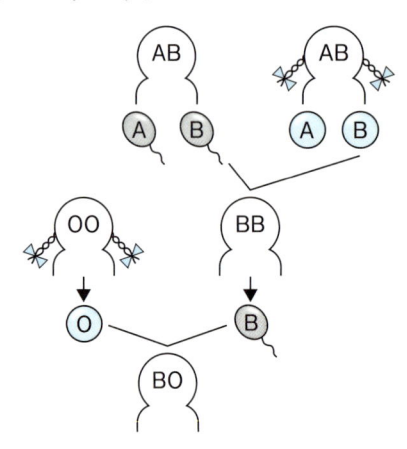

### Rh式血液型

ABO式以外にも **Rh式**（アールエッチ）も重要な血液型です。

これは、**アカゲザル**というおサルさんと同じ物質をもってい

るかどうかで分類したものです。アカゲザルと同じ物質をもっている人がRh⁺型、もたない人がRh⁻型です。

そしてRh⁺型のほうが優性形質です。

もちろん、Rh⁺型のほうがサルに近いとか、Rh⁻型のほうが劣っているというわけではありません。

日本人ではRh⁻型は約0.5％しかいませんが、欧米では15％ほどがRh⁻型です。

Rh⁺型にする遺伝子をD、Rh⁻型にする遺伝子をdとすると、DDとDdはRh⁺型、ddがRh⁻型となります。

### 性の決め方

ヒトは46本の染色体をもっています。

ところがそのうちの2本は男性と女性とで少し違います。

残りの44本は男性と女性に共通していて、これらを **常染色体** といいます。

それに対し、**男性と女性とで組み合わせの異なる染色体を性染色体**といいます。性染色体のうち、男女に共通している性染色体を**X染色体**、男性だけがもっている染色体を**Y染色体**といいます。

女性は性染色体として**X染色体を2本**、男性は性染色体として**X染色体とY染色体**をもちます。

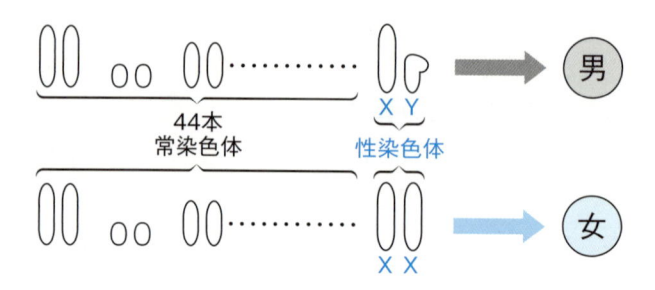

性染色体について見てみると、女性がつくった**卵にはX染色体だけ**が含まれています。男性がつくった精子には**X染色体をもつ精子とY染色体をもつ精子**の2種類が生じます。

X染色体をもつ卵が、X染色体をもつ精子と受精すれば、X染色体を2本もつので女の子、Y染色体をもつ精子と受精すればX染色体とY染色体をもつので男の子が生まれることになります。このように、**男の子になるか女の子になるかの決定権は精子のほうにある**のです。

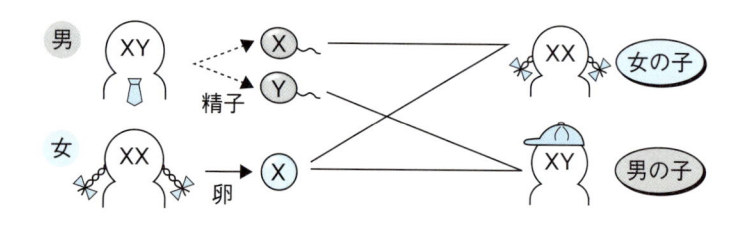

### 男女の産み分け

X染色体をもつ精子が受精するか、Y染色体をもつ精子が受精するかは、まったくの偶然で決まるので、男の子が生まれる

か、女の子が生まれるかは確率的には5分と5分です。

しかし、男の子のほうが欲しい、いや女の子が欲しいと、なんとか都合よく男女を産み分けられないかと願う人もいます。

先ほどの図でもわかるとおり、X染色体に比べるとY染色体は小さいですね。それだけ重さも少し軽いのです。

この重さの違いを利用すれば、X染色体をもつ精子とY染色体をもつ精子に分けることができます。

女の子が欲しかったら、X染色体をもつ精子を使って**人工授精**させればよいのです。

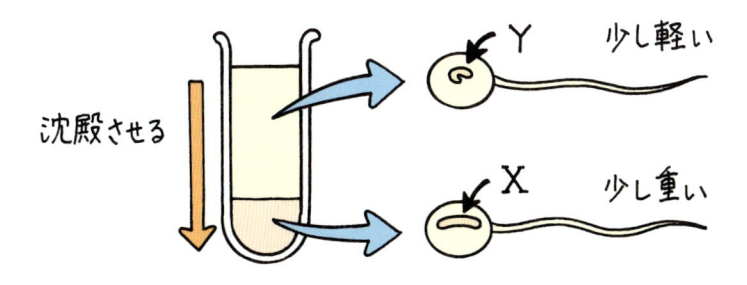

牛などでは実際に行なわれている方法です。しかしこれは、精子を取り出して分離し、人工授精するという方法をとらなければできない方法です。日本では遺伝病をもつ男の子が生まれる可能性がある場合以外は、この方法は認められていません。

だれでもできるもっと手軽な方法として、**X染色体をもつ精子はY染色体をもつ精子よりも酸性に強い**という特徴があるので、これを利用する方法もあります。

膣内はもともと酸性の環境ですが、女性が肉類を多く食べると、より酸性になります。するとY染色体をもつ精子のほうが

多く死んでしまい、X染色体をもつ精子のほうが生き残る可能性が高くなり、女の子が生まれる可能性が高まるといいます。

逆に男の子を生みたかったら、女性は野菜や海藻を多く食べて、体液をアルカリ性に近づけてやればよいのです。

コーヒーなどのカフェインは特にY染色体をもつ精子の活動を活発にするので、男の子が欲しい場合は、男性がせっせとコーヒーを飲むなんていう方法もあります。

ただし、これらは少しだけ確率が高まるというだけで、けっして確実というわけではありませんので念のため（うまくいかなくても当方は一切責任を負いかねます……）。

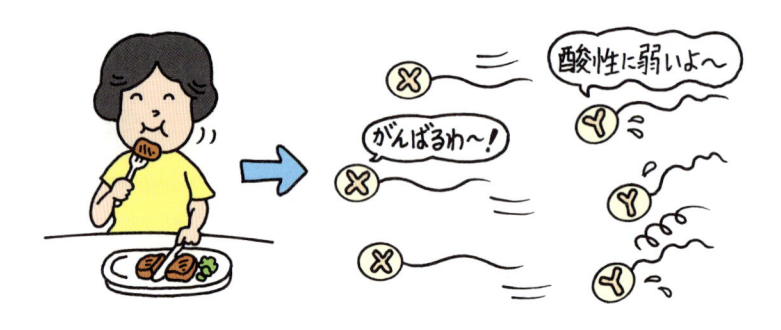

## 性に伴う遺伝

では、遺伝の話に戻りましょう。

こういった性染色体は、性を決定するだけでなく、他にも遺伝子をもっています。

最も有名な例が、**赤緑色覚異常**（せきりょくしきかくいじょう）の遺伝子です。

これは、**赤色や緑色が識別できない**という遺伝病ですが、この遺伝子はX染色体にあります。

赤緑色覚異常の遺伝子は劣性遺伝子なので、この遺伝子をもつX染色体を**$X^a$**、色覚に関して正常な遺伝子（優性遺伝子）をもつX染色体を**$X^A$**と書くことにします。もちろん、Y染色体にはAもaもありません。

男性のもつ性染色体はXYなので、$X^A Y$と$X^a Y$の２通りがあり、$X^A Y$は色覚に関して正常、$X^a Y$は赤緑色覚異常となります。

女性のもつ性染色体はXXなので、$X^A X^A$、$X^A X^a$、$X^a X^a$の３通りがあり、$X^A X^A$と$X^A X^a$は色覚に関して正常、$X^a X^a$は赤緑色覚異常となります。$X^A X^a$は正常なのだけれど子供に赤緑色覚異常が生まれる可能性があるので**保因者**といいます。

| $X^A Y$ | $X^a Y$ | $X^A X^A$ | $X^A X^a$ | $X^a X^a$ |
|---|---|---|---|---|
| 正常 | 赤緑色覚異常 | 色覚正常 | 保因者 | 赤緑色覚異常 |

赤緑色覚異常は男性には比較的現れやすい（日本では男性の５％程度）のですが、女性ではまれにしか（日本では女性の0.25％程度）現れません。

このように、X染色体にある遺伝子による遺伝を**伴性遺伝**といいます。

それでは赤緑色覚異常の遺伝について説明していきましょう。

たとえば色覚に関して正常な母親と、赤緑色覚異常の父親をもつ、やはり赤緑色覚異常の男の子がいたとします。父親と同

性の男の子ですから、やっぱり父親から受け継いだんだろうなぁと、思ってしまいますね。

でも果たして本当にそうでしょうか？

父親も男の子も遺伝子型は$X^aY$と表せますね。父親がつくった精子は$X^a$とYの2種類で、Y染色体のほうの精子をもらって男の子が生まれたわけです（$X^a$の精子が受精すれば女の子になってしまいます！）。ということは、息子が赤緑色覚異常でも、父親の赤緑色覚異常とは関係がないのです。

逆にいえば**息子のもつ$X^a$は、父親ではなく母親からもらったもの**です。したがってこの場合の母親は、保因者（$X^AX^a$）だったということになります。

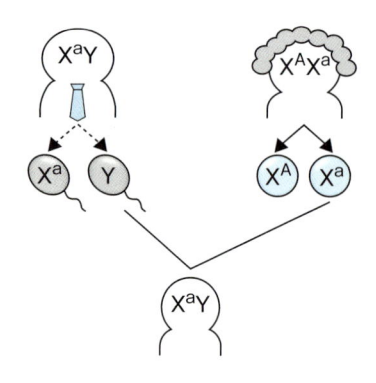

このようにX染色体にある遺伝子については父からは娘に、母からは息子に伝わることになります。

息子は母親に、娘は父親に似るというのも、けっして根拠のないことではなく、このあたりに原因があるのかもしれませんね。

**その2のまとめ　血液型や性別などを決めるのは？**

### ❶ABO式血液型
- 遺伝子Aや遺伝子Bは遺伝子Oに対して優性
- 遺伝子Aと遺伝子Bは不完全優性の関係

　遺伝子型AAとAO　→A型　　遺伝子型BBとBO→B型
　遺伝子型OO　　　→O型　　遺伝子型AB　　→AB型

### ❷Rh式血液型
　アカゲザルと共通の物質をもつか否かで分類する血液型をRh式血液型という。

　遺伝子型DDとDd→$Rh^+$型
　遺伝子型dd　　　→$Rh^-$型

### ❸性　別
　性によって異なる組み合わせの染色体を性染色体という。ヒトでは男性がXY、女性がXXという性染色体をもつ。

### ❹伴性遺伝
X染色体にある遺伝子による遺伝を伴性遺伝という。
例 赤緑色覚異常の遺伝
　$X^aY$　→赤緑色覚異常の男性
　$X^aX^a$→赤緑色覚異常の女性

## その3 トンビがタカを生む?

### 兄弟姉妹でも違うのは?

お父さんとお母さんから遺伝子をもらって子供ができるので、いろいろな点で両親の形質を受け継いだ子供が生まれます。

ですから、同じ両親から生まれた兄弟姉妹は似ています。

でも完全に同じではありませんね。10人兄弟だとしてもまったく同じ兄弟は1人としていないはずです。

一卵性双生児でないかぎり（一卵性双生児は自然に生じたクローン生物だったので、まったく同じ遺伝子をもっています）、兄弟姉妹どうしでも少しずつ違いがあります。

それはなぜでしょうか？　理由は精子や卵の種類にあります。

精子や卵（以下、まとめて**配偶子**（はいぐうし））をつくるときには、**相同染色体どうしが分かれて**減数分裂が行なわれるのでしたね。

この分裂によっていったいどのくらいの種類の配偶子ができるのか考えてみましょう。

もし染色体が2本しかない（相同染色体は1種類）としても、相同染色体が分かれて2種類の配偶子ができますね。

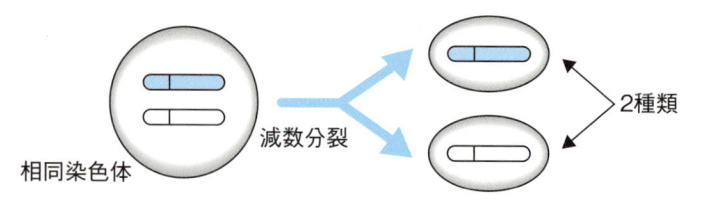

では染色体が4本（相同染色体が2種類）あればどうなるでしょう？

下図のように4種類できることになります。

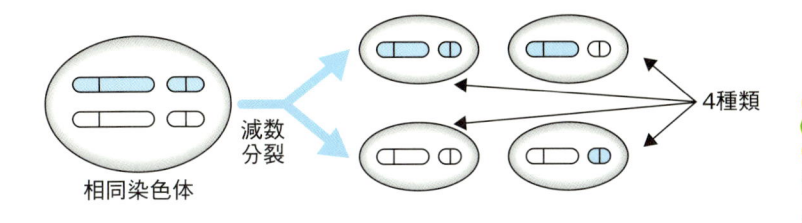

## Quiz

**Q** 染色体が6本（相同染色体が3種類）あれば何種類の配偶子ができるでしょう？

**A** 図にするとわかりますが、全部で8種類できるはずです。

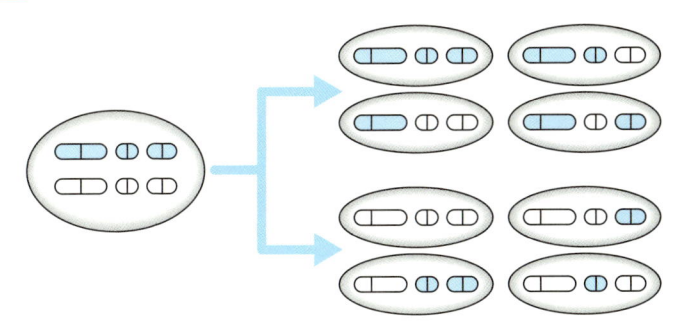

では、染色体が8本（相同染色体が4種類）だったら？

もう、図を書くのは大変ですが、
染色体が2本で2種類の配偶子、
染色体が4本で2×2＝4種類の配偶子、
染色体が6本で2×2×2＝8種類の配偶子なので、
染色体が8本であれば2×2×2×2＝16種類の配偶子ができるはずです。

我々ヒトは46本（相同染色体は23種類）の染色体をもちます。ということは、2×2×……×2（と2を23回かける）種類の配偶子ができます。

実際に計算してみると、なんと8388608種類！！（約800万種類）の配偶子ができることになります。

精子に約800万種類、卵にも800万種類ということは、生じる子供は800万×800万種類――もう電卓でも計算できない――とてつもなく多くの種類ができるということです。

ですから、10人や20人の子供を産んだとしても、まったく同じになる可能性はほとんどないといえますね。

### 染色体の乗換え

このように、単純に染色体が分かれるだけでもすごくたくさんの種類ができるわけですが、実際には、もっと多くの種類の配偶子が生じます。

それは、減数分裂の途中で、染色体がねじれて一部が入れ替わってしまうことが起こるからです。このような現象を染色体の乗換え（のりか）といいます。

いろいろな場所でねじれている

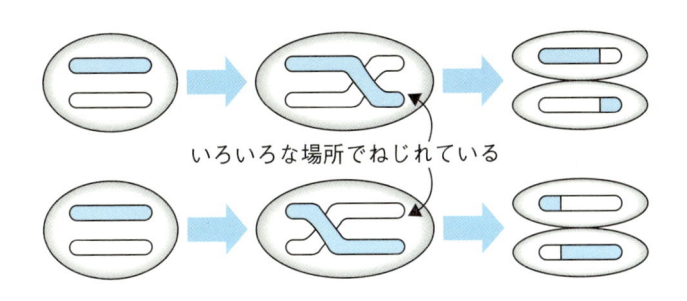

これにより、実際には800万種類以上の配偶子が生じることになります。

### 突然変異は設計図のミス？

ここまでは、設計図がきちんとコピーされて染色体に入っていると考えた場合でした。

ところが、このコピーのときにミスが生じることがあります。

また、設計図そのものにも、文字が消えたり、ページが破れたりという変化が起こる場合もあります。

これが**突然変異**です。

突然変異の中にも、設計図そのもの（DNA）に変化が起こる**遺伝子突然変異**と、設計図を入れてある染色体の**数や形に変化**が起こる**染色体突然変異**があります。

こういった**変異が精子や卵といった細胞で起こると、次の子供にその変異が伝わる**ことになります。

遺伝子突然変異の例としては**鎌状赤血球症**があります。これは、設計図の一部（たった1文字）の変化が原因で、毛細血管

の中などで赤血球の形が鎌のような形に変化してしまい、正常に酸素を運搬できず、重度の貧血を起こしてしまう遺伝病です。

正常な赤血球　　　鎌状赤血球

　染色体突然変異の例としては、**ダウン症**があります。これは、第21番目の**常染色体**が1本多いために起こります。

　ダウン症は、600人に1人程度の割合で発生するといわれていますが、これは、卵あるいは精子を形成するときに、**21番目の染色体が正常に分離せず**、それが受精して生じることが主な原因です。その結果、正常であれば染色体数は46本であるはずなのに、47本の染色体をもつことになります。

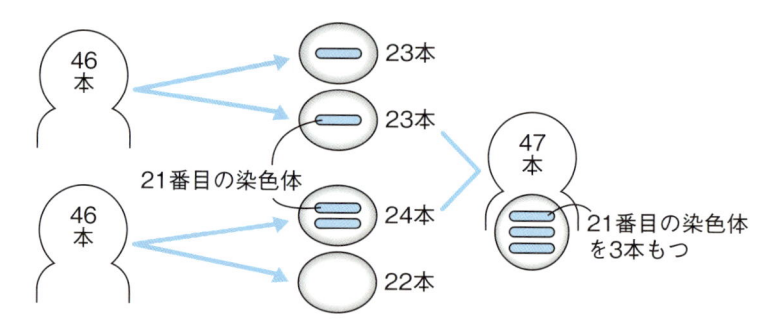

46本 → 23本
46本 → 23本
21番目の染色体
46本 → 24本
46本 → 22本
→ 47本　21番目の染色体を3本もつ

　これ以外にも、性染色体のX染色体が1本少ないことが原因の**ターナー症候群**、逆にX染色体を余分にもつことが原因の**クラインフェルター症候群**などがあります。
　いずれも染色体の数の増減による**染色体突然変異**の例です。

## 突然変異と進化

突然変異によって病気が発生したりするというのも事実ですが、**突然変異が起こったからこそ進化が起こってきた**のも事実です。たとえば、パンの原料となるコムギ（パンコムギ）の祖先は、二粒系コムギという染色体数28本のコムギでした。

これがタルホコムギという染色体数14本の別のコムギと雑種をつくり、この雑種の植物に染色体突然変異が起こって染色体数が2倍になり、今のパンコムギになったのです。

したがってパンコムギには染色体数が42本あります。

コムギはこのような突然変異によって、種子をたくさんつくれるように進化したのです。

## タネナシスイカのタネ？

最近はあまり見かけなくなりましたが、種子のできないスイカがあります。

種子のないスイカはどうやってつくられるのでしょう？

**種子のないスイカであっても、もともとは種子から生じたもの**です。タネナシスイカのタネ??と思われるでしょうが、実は人工的に染色体突然変異を利用してつくるのです。

先ほどのコムギの話は、自然に染色体突然変異が起こり、染色体数が2倍になるというものでしたが、これを人工的に行なわせることができるのです。

**コルヒチン**という薬品を発芽した幼植物に作用させると、染

色体数を2倍にさせることができます。

普通の植物は相同染色体を2本ずつもっているので、相同染色体の種類を**n**とすると、染色体数は**2n**本と表すことができますね。

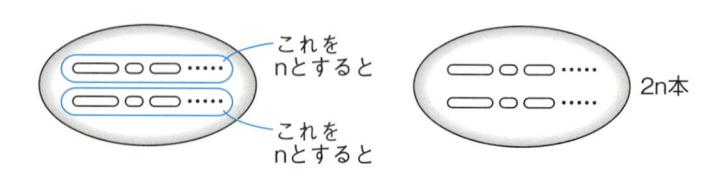

コルヒチンで処理すると染色体数が2倍になるので、コルヒチン処理で生じた植物の染色体数は、**4n**本となります。

まず、普通のスイカの発芽したばかりの幼植物をコルヒチンで処理して、染色体数が4nの植物をつくります。

この植物が減数分裂（相同染色体どうしが分かれわかれになる分裂のこと）をするので、生じる卵細胞の染色体数は2n本になります。

さらにこの植物のめしべに、普通の植物（染色体数2n）の花粉を受粉させて種子をつくらせます。植物は花粉をつくるときに減数分裂をするので、生じた花粉の染色体数はn本です。

これらを受精させて生じる種子の染色体数は**3n**となります。この種子をまいて育てると、染色体数3nの植物ができます。

染色体数が2nでも、4nでも、正常に減数分裂はできますが、染色体数が3nでは正常に減数分裂を行なうことはできません。

　なぜなら、相同染色体同士が別々になるのが正常な減数分裂なのですから、染色体数が3nでは、そのうちの2本ずつは分かれることができますが、あとの1本は余ってしまい、正常に分離できないからです。

　そのため、染色体数3nからでは正常に減数分裂が行なわれず、正常な卵細胞もできず、種子もできないのです。

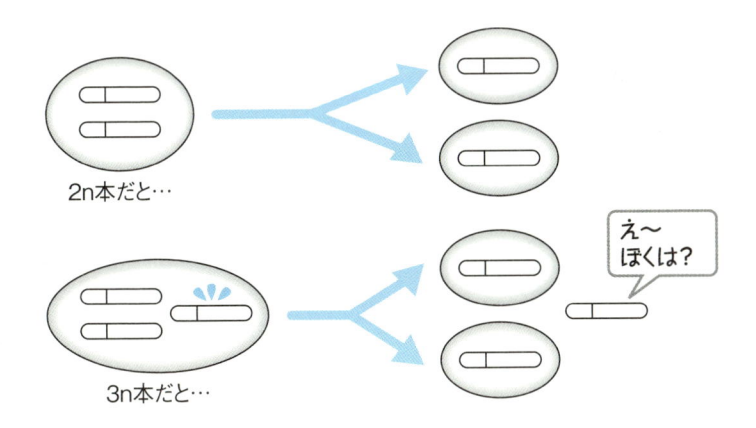

2n本だと…

3n本だと…

え〜ぼくは？

　でも、このままでは種子もできないけど、果実もできない、タネナシ・ミナシスイカ（？）となり、売り物になりませんね。そこで、この3nの植物のめしべに、普通の植物の花粉を受粉させるのです。

　受粉しても種子はできませんが、**花粉がくっついたことが刺激になり、果実だけが発達します。そして種子はないけれど、果実だけは発達したタネナシスイカ**ができるのです。

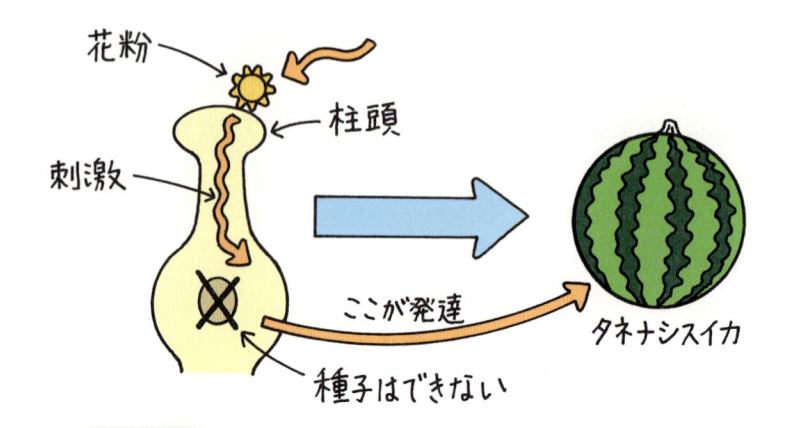

花粉 → 柱頭
刺激
種子はできない
ここが発達 → タネナシスイカ

## その3のまとめ　突然変異

**❶ 突然変異の種類**
- **遺伝子突然変異**――遺伝子そのもの（DNAの塩基配列）が変化して生じる変異。
  例 鎌状赤血球症など
- **染色体突然変異**――染色体の形や数が変化して生じる変異。
  例 ダウン症候群、ターナー症候群、クラインフェルター症候群など

**❷ 突然変異の利点**
- 突然変異が原因で進化につながる場合もある。
- 人工的に染色体異常を起こし、農作物の改良に利用する。たとえばタネナシスイカには、コルヒチン（染色体数を倍加させる薬品）が使われている。

# 第5章

# 生命の設計図
## ── DNA ──

その1　ゲノムって何？

その2　設計図はどうやって読むの？

その3　遺伝子組換えってどうするの？

## その1 ゲノムって何?

### 設計図の文字

　**染色体**は設計図の入れ物、**DNA**が設計図でした。では、その設計図にはどのような文字で情報が書かれているのでしょう。

　DNAは**ヌクレオチド**という物質がたくさん結合した物質ですが、そのヌクレオチドは糖の一種とリン酸と**塩基**という3種類の物質からなります。

```
-----ヌクレオチド─ヌクレオチド─ヌクレオチド─ヌクレオチド-----
          ↑
      ┌──┐
      │糖 │──○─リン酸
      ├──┤
      │塩基│
      └──┘
```

　このうちの**塩基にはアデニン**（これからはAと略します）**とグアニン**（Gと略します）、**チミン**（Tと略します）、**シトシン**（Cと略します）**という4種類**があります。この塩基が3つ並ぶとひとつの文字のような働きを示します。

　具体的には、**塩基が3つでひとつのアミノ酸を指定**します。アミノ酸はタンパク質を構成する最小単位で、どんなアミノ酸がどのような順番に並んでいるかによって、タンパク質の種類が異なり、働きも異なります。

　たとえば、塩基がACGと並んでいると、システインというアミノ酸を指定する暗号ですが、塩基がACCと並んでいると、

トリプトファンという別のアミノ酸を指定する暗号となります。

| DNAの塩基 | アミノ酸への暗号 |
|---|---|
| ACG | システインにせよ |
| ACC | トリプトファンにせよ |

このようにたったひとつの塩基が違うだけでも（ACGかACCか）アミノ酸の種類が異なり、生じるタンパク質の種類や働きも違ってくる場合があるのです。

### 遺伝子とは？

**遺伝子**の本体はDNAです。DNAはヌクレオチドがたくさん結合したものですが、そのヌクレオチドに含まれた塩基が設計図の文字となっています。

では、塩基と遺伝子はどのような関係になっているのか、もう少し詳しく見てみましょう。塩基が3つでひとつのアミノ酸を指定し、そんなアミノ酸がいくつか集まって、ひとつのタンパク質となります。

そのようなひとつのタンパク質をつくるのに必要な塩基の並びが、ひとつの遺伝子と考えられます。

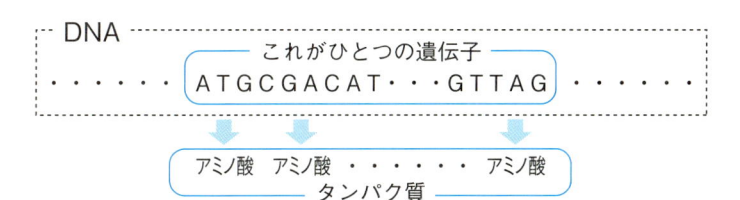

```
DNA
・・・・・・ ATGCGACAT・・・GTTAG ・・・・・・
         これがひとつの遺伝子
              ↓    ↓         ↓
         アミノ酸 アミノ酸 ・・・・・・ アミノ酸
                  タンパク質
```

このようにして生じたタンパク質が働き、耳垢を湿性にしたり、血液型をB型にしたりするのです。
　DNAが設計図で、そこに書かれている文字が３つの塩基で、いくつかの文字が並んでひとつの意味のある文章ができます。
　文章を構成する文字の集合が遺伝子というわけです。

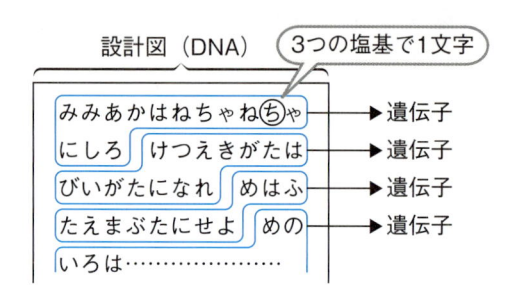

```
設計図（DNA）  ３つの塩基で１文字
みみあかはねちゃねちゃ  → 遺伝子
にしろ  けつえきがたは  → 遺伝子
びいがたになれ  めはふ  → 遺伝子
たえまぶたにせよ  めの  → 遺伝子
いろは……………
```

### ゲノムとは？

　最近よく耳にする言葉に**ゲノム**というのがあります。
　ゲノムとは、「**生命を維持するのに必要な最小限の染色体の１組あるいはそこに含まれる全塩基**」ということですが、難しいですね。もう少しわかりやすく見てみましょう。
　我々の細胞には、父からもらった染色体と母からもらった染色体が含まれているので、同じ種類の染色体が２本ずつ入っているのでしたね。
　同じ種類の染色体には同じ形質に関する遺伝子が含まれています。一方に目の遺伝子があればもう一方にも目の遺伝子があります。

実際にはそのどちらかの遺伝子の働きによって目がつくられるので、最低限どちらか一方の染色体があれば、目はできることになります。
　この相同染色体（107ページ参照）について、1本ずつ集めた1組の染色体をゲノムというのです。

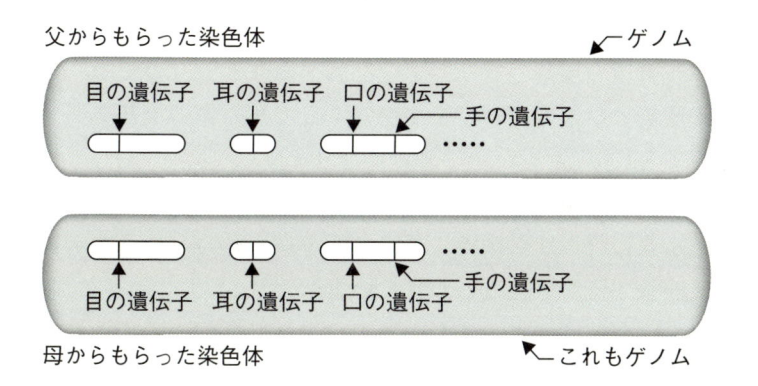

父からもらった染色体　　　　　　　　　　　　ゲノム
　目の遺伝子　耳の遺伝子　口の遺伝子
　　　　　　　　　　　　　　　　手の遺伝子

　　　　　　　　　　　　　　　　手の遺伝子
　目の遺伝子　耳の遺伝子　口の遺伝子
母からもらった染色体　　　　　　　　これもゲノム

　あるいは、その1組の染色体中のDNAがもつ塩基をゲノムといいます。

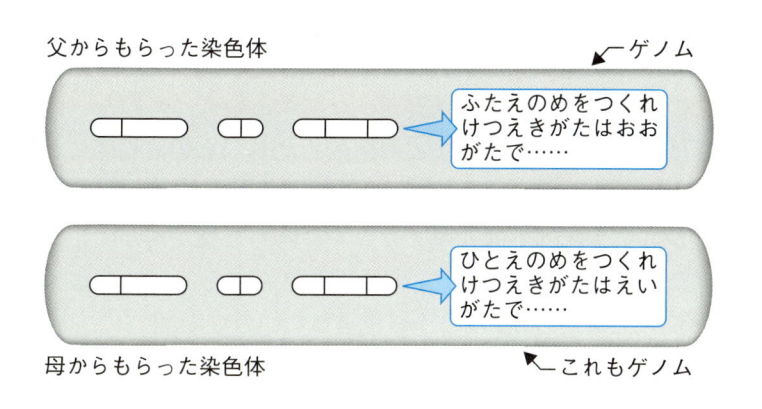

父からもらった染色体　　　　　　　　ゲノム

ふたえのめをつくれ
けつえきがたはおお
がたで……

ひとえのめをつくれ
けつえきがたはえい
がたで……

母からもらった染色体　　　　　　　これもゲノム

### ヒトゲノム計画

　ヒトがもっているゲノムの塩基を全部調べてしまおうという、壮大な**ヒトゲノム計画**が1987年に正式に発足し、1990年に国際協力の下、本格的に解読が始まりました。

　ヒトのゲノムは約30億個の塩基からできているといわれます。その30億個の塩基の並び方を全部調べようというのです。

　30億個とひと言でいいますが、1日で10万個の塩基を調べたとしても100年近くかかる計算になります。

　そのすごい数の塩基の並び方を全部調べようというのですから、本当に壮大な計画で、月に人類を送り込むというアポロ計画に匹敵する計画だといわれていました。

　ところが技術の目覚ましい進歩によって当初の予定よりも早く、2003年に完了しました。

　このようなゲノムの解読が行なわれるまでは、ヒトのもつ遺伝子は10万種類ぐらいあるだろうといわれていました。

　ところが、実際調べてみると、予想よりもはるかに少なく、2万2千程度であることがわかってきました。

　この数は、たとえばショウジョウバエというハエのたった2倍程度の数です。大腸菌などの細菌と比べても10倍程度しかないのです。

　しかも塩基配列も哺乳類どうしでは90％程度が同じで、チンパンジーとヒトでは98.77％が同じ、逆にいえば、**ヒトとチンパンジーではたった1.23％しか違わない**のです。

　「ヒト」というと、万物の霊長で特別な存在というおごりがあ

ったかもしれませんが、遺伝子レベルでは他の生物とそれほど変わらない存在なのかもしれません。

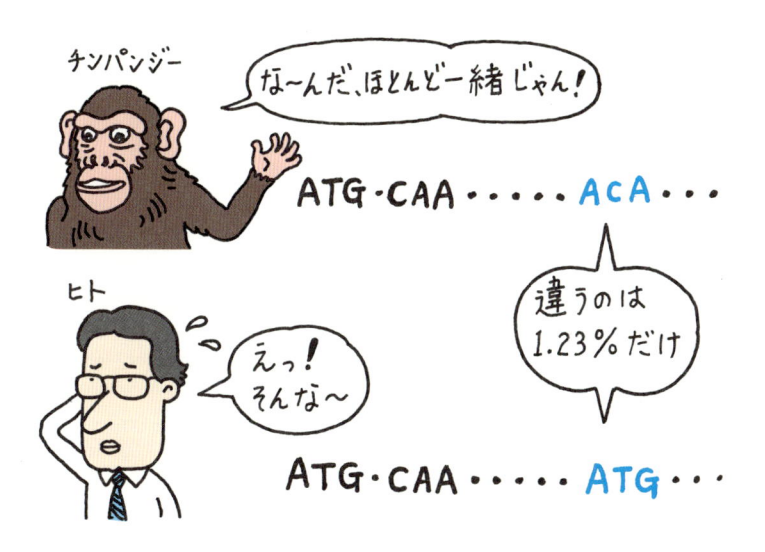

チンパンジー「な〜んだ、ほとんど一緒じゃん！」
ATG・CAA・・・・・AcA・・・

違うのは1.23％だけ

ヒト「えっ！そんな〜」
ATG・CAA・・・・・ATG・・・

　逆に同じヒトでもわずかずつ塩基配列が異なる部分もあります。これを遺伝子多型といいます。その中でもひとつの塩基が他の塩基に置き換わっているのをSNP（Single Nucleotide Polymorphism）といい、「スニップ」と読みます。

　そのような違いが、体質の違いなどに関係する場合があり、同じ薬を飲んでも効き目が異なったりもするわけです。このあたりの研究が進めば、個人に合った薬を使い分けるといった医療の個別化（オーダーメイド化）も可能になるかもしれません。

> **その1の まとめ**

# DNA、遺伝子、ゲノムの違い

### ❶DNAと遺伝子
- **DNA**：ヌクレオチドが多数結合したもの。

- **ヌクレオチド**：糖の一種とリン酸と塩基が結合したもの。

- **塩基**：アデニン（A）、グアニン（G）、チミン（T）、シトシン（C）の4種類がある。塩基が3つでひとつのアミノ酸を指定する暗号となる。ひとつのタンパク質を合成するのに必要な塩基の並びがひとつの遺伝子。

### ❷ゲノム
- 相同染色体のそれぞれ1本ずつを集めた1組をゲノムという。

- ヒトのゲノムには約30億個の塩基があるが、その全塩基配列が解明された。

- ヒトゲノムには2万2千程度の遺伝子しか存在しない。

- ヒトとチンパンジーの塩基配列の違いはたった1.23%。

## その2 設計図はどうやって読むの？

### DNAの構造

　DNAはヌクレオチドが多数結合したものでしたが、もう少し正確に見てみると、ヌクレオチドが多数結合した鎖が2本向かい合わせに並び、さらにこれがらせん状をしている**二重らせん構造**という構造をしています。そして、ヌクレオチドに含まれていた塩基どうしが結合し、2本の鎖を互いにつなぎ合わせています。

　このときの塩基の結合には規則性があります。アデニン（A）の向かいにはチミン（T）が、グアニン（G）の向かいにはシトシン（C）が結合しているのです。

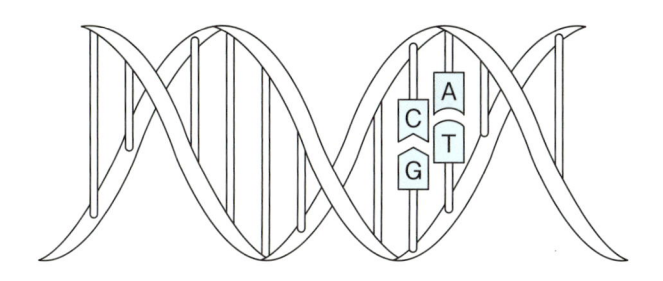

　このような構造は1953年にワトソンとクリックらによって解明されました。

　このDNAの構造解明があったからこそ、今日の目覚ましい生物学の発展があるといっても過言ではありません。

### 設計図の一部をコピー

　さて、このような構造をしたDNAが働いて、どのようにしてタンパク質が合成されるのか、そのあらすじを見てみましょう。DNAは核の中にありますが、タンパク質を合成するのは細胞質中のリボソームでした（25ページ参照）。

　すなわち、設計図管理室である核から、タンパク質を合成する工場であるリボソームに、今つくろうとしているタンパク質の情報を教えてあげる必要がありますね。

　そこでまずやることは、数ある設計図の中から、今、必要な部分をコピーして、このコピーを工場まで持っていくことです。

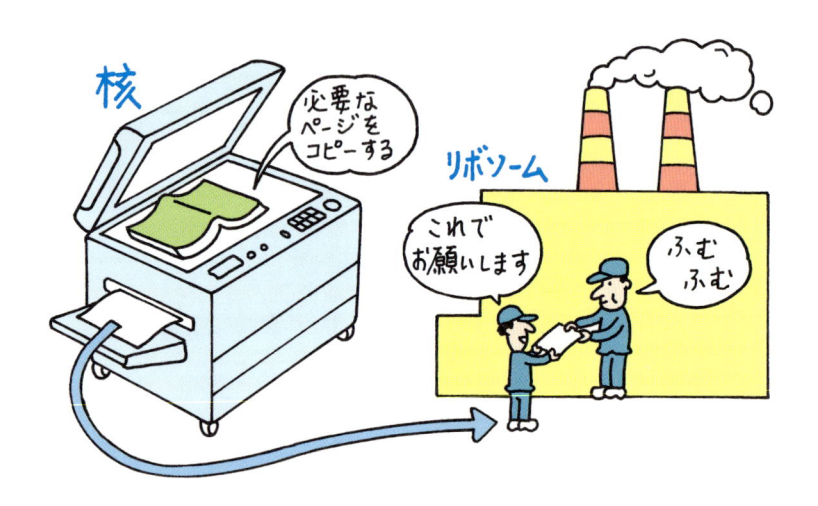

## もうひとつの核酸、RNA

設計図であるDNAの一部をコピーするといいましたが、このコピーしたものに相当するのが、**RNA**という物質です。

RNAも糖とリン酸と塩基からなるヌクレオチドが結合したものですが、糖の種類がDNAの場合とは少し違います。

DNAは、デオキシリボースという糖をもつ核酸なので、正式には**デオキシリボ核酸**といいます。RNAはリボースという糖をもつ核酸なので**リボ核酸**といいます。

また、DNAに含まれる塩基はアデニン（A）、グアニン（G）、シトシン（C）、チミン（T）の4種類でしたが、**RNAにはチミン（T）がなく、その代わりにウラシル（U）という別の塩基が含まれています。**

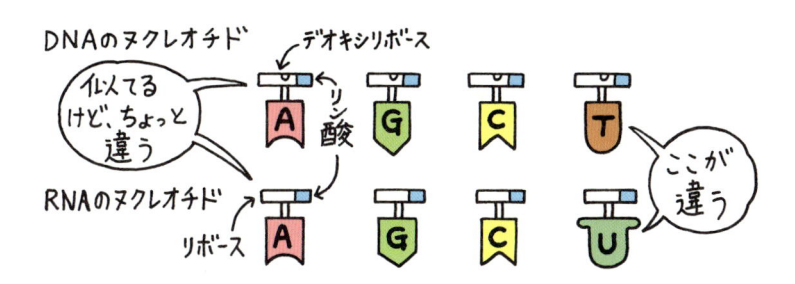

## DNAからRNAへ

再び設計図のコピーの話に戻ります。

どのようにしてDNAに記されていた情報をRNAに写し取る

のかを見てみましょう。

DNAは2本の鎖でできていましたが、この2本の鎖の一部がほどけます。

次に、ほどけた1本の鎖に向かい合わせに、RNAのヌクレオチドが並んでいきます。

このとき、**DNAの塩基がアデニン(A)であればRNAのヌクレオチドはウラシル(U)が、グアニン(G)にはシトシン(C)が、シトシン(C)にはグアニン(G)が、チミン(T)にはアデニン(A)がそれぞれ結合します。**

**DNAとRNAのこのようなペアの関係を「相補的」な関係と**いいます。

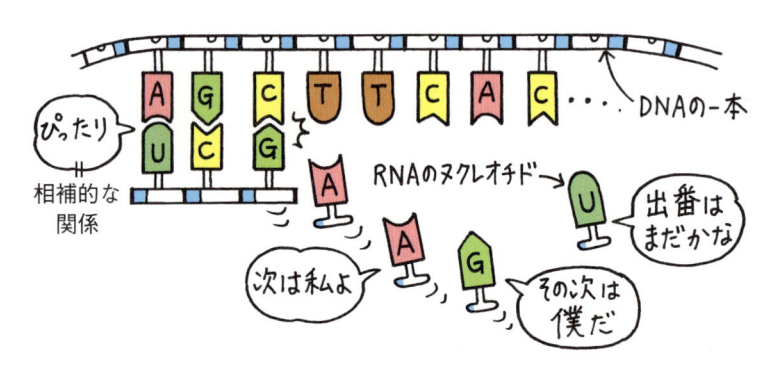

このようにして並んだヌクレオチドどうしが結合してRNAができるのですが、このRNAを特に**伝令RNA(メッセンジャーRNA)**といいます。DNAの情報を工場に伝えるRNAという意味ですね。

ここまでの過程を**転写**といいます。

### アミノ酸を運ぶRNA

転写は核の中で行なわれますが、生じた伝令RNAは核から細胞に出てきます。

そしてタンパク質合成工場であるリボソームにやってきます。リボソームの周囲には**アミノ酸**を運んでくる**運搬RNA**（**トランスファーRNA**）という、また別のRNAがあります。

運搬RNAにも、伝令RNAに相補的な３つの塩基があり、この３つの塩基に応じてそれぞれ特定のアミノ酸が結合して待機しているのです。

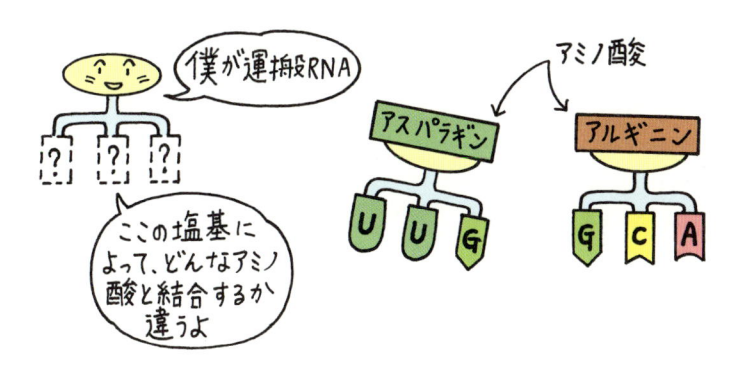

### いよいよタンパク質合成

さあ、準備が整いました。いよいよ**タンパク質合成**です。

伝令RNAの３つの塩基がひとつの暗号でした（これを**コドン**といいます）が、この３つの塩基に相補的な塩基をもった運搬RNAが、アミノ酸をリボソームに運んできます。

最初の暗号を読み終えると、リボソームが伝令RNAの上を動いて次の暗号を読んでいき、そのたびに、運搬RNAが特定の伝令RNAと結合するアミノ酸を運んできます。

　こうして運ばれてきたアミノ酸どうしが順に結合してタンパク質ができあがるのです。

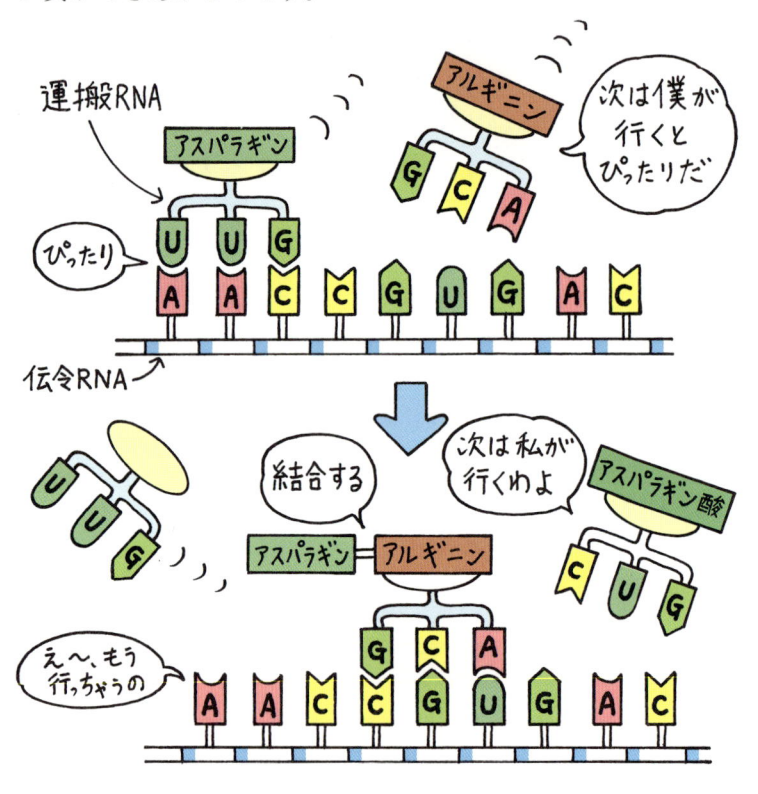

　このようにして伝令RNAの情報をもとにタンパク質がつくられる過程を**翻訳**といいます。

複雑なしくみですが、あなたの体のあちこちの細胞の中でも、毎日この反応が行なわれているのです。

### 暗号解読

伝令RNAの3つの塩基がどのような塩基のときに、どのようなアミノ酸が運ばれてくるのでしょうか。この3つの塩基の暗号の解読はコラーナ、ニーレンバーグ、オチョアらの研究によって明らかにされました。

次の表がその暗号解読表です。

| 1番目の塩基 | 2番目の塩基 | | | | 3番目の塩基 |
|---|---|---|---|---|---|
| | U | C | A | G | |
| U | フェニルアラニン<br>フェニルアラニン<br>ロイシン<br>ロイシン | セリン<br>セリン<br>セリン<br>セリン | チロシン<br>チロシン<br>停止<br>停止 | システイン<br>システイン<br>停止<br>トリプトファン | U<br>C<br>A<br>G |
| C | ロイシン<br>ロイシン<br>ロイシン<br>ロイシン | プロリン<br>プロリン<br>プロリン<br>プロリン | ヒスチジン<br>ヒスチジン<br>グルタミン<br>グルタミン | アルギニン<br>アルギニン<br>アルギニン<br>アルギニン | U<br>C<br>A<br>G |
| A | イソロイシン<br>イソロイシン<br>イソロイシン<br>メチオニン(開始) | トレオニン<br>トレオニン<br>トレオニン<br>トレオニン | アスパラギン<br>アスパラギン<br>リジン<br>リジン | セリン<br>セリン<br>アルギニン<br>アルギニン | U<br>C<br>A<br>G |
| G | バリン<br>バリン<br>バリン<br>バリン | アラニン<br>アラニン<br>アラニン<br>アラニン | アスパラギン酸<br>アスパラギン酸<br>グルタミン酸<br>グルタミン酸 | グリシン<br>グリシン<br>グリシン<br>グリシン | U<br>C<br>A<br>G |

左端が1番目の塩基、上の段が2番目の塩基、右端が3番目の塩基を表します。

　たとえば、伝令RNAの塩基がCUAの場合を読んでみることにしましょう。

| 1番目の塩基 | 2　番　目　の　塩　基 | | | | 3番目の塩基 |
|---|---|---|---|---|---|
| | U | C | A | G | |
| U | フェニルアラニン<br>フェニルアラニン<br>ロイシン<br>ロイシン | セリン<br>セリン<br>セリン<br>セリン | チロシン<br>チロシン<br>停　止<br>停　止 | システイン<br>システイン<br>停　止<br>トリプトファン | U<br>C<br>A<br>G |
| C | ロイシン<br>ロイシン<br>ロイシン<br>ロイシン | プロリン<br>プロリン<br>プロリン<br>プロリン | ヒスチジン<br>ヒスチジン<br>グルタミン<br>グルタミン | アルギニン<br>アルギニン<br>アルギニン<br>アルギニン | U<br>C<br>A<br>G |
| A | イソロイシン<br>イソロイシン<br>イソロイシン<br>メチオニン(開始) | トレオニン<br>トレオニン<br>トレオニン<br>トレオニン | アスパラギン<br>アスパラギン<br>リジン<br>リジン | セリン<br>セリン<br>アルギニン<br>アルギニン | U<br>C<br>A<br>G |
| G | バリン<br>バリン<br>バリン<br>バリン | アラニン<br>アラニン<br>アラニン<br>アラニン | アスパラギン酸<br>アスパラギン酸<br>グルタミン酸<br>グルタミン酸 | グリシン<br>グリシン<br>グリシン<br>グリシン | U<br>C<br>A<br>G |

　1番目の塩基がC、2番目の塩基がU、3番目の塩基がAなので、その交点を読みます。

　するとロイシンとなっていますね。すなわち、伝令RNAがCUAであれば最終的に運ばれてくるのはロイシンというアミノ酸だということです。

## Quiz

**Q** 次の伝令RNAから生じるタンパク質のアミノ酸配列を読んでください。

線で区切った３つの塩基がひとつの暗号（コドン）です。

| AUG | UCC | GCA | UAA | CGA | AAU |

**A** 暗号解読表を使ってアミノ酸配列を読んでいきましょう。

| 1番目の塩基 | 2番目の塩基 U | C | A | G | 3番目の塩基 |
|---|---|---|---|---|---|
| U | フェニルアラニン<br>フェニルアラニン<br>ロイシン<br>ロイシン | セリン<br>セリン<br>セリン<br>セリン | チロシン<br>チロシン<br>停止<br>停止 | システイン<br>システイン<br>停止<br>トリプトファン | U<br>C<br>A<br>G |
| C | ロイシン<br>ロイシン<br>ロイシン<br>ロイシン | プロリン<br>プロリン<br>プロリン<br>プロリン | ヒスチジン<br>ヒスチジン<br>グルタミン<br>グルタミン | アルギニン<br>アルギニン<br>アルギニン<br>アルギニン | U<br>C<br>A<br>G |
| A | イソロイシン<br>イソロイシン<br>イソロイシン<br>メチオニン(開始) | トレオニン<br>トレオニン<br>トレオニン<br>トレオニン | アスパラギン<br>アスパラギン<br>リジン<br>リジン | セリン<br>セリン<br>アルギニン<br>アルギニン | U<br>C<br>A<br>G |
| G | バリン<br>バリン<br>バリン<br>バリン | アラニン<br>アラニン<br>アラニン<br>アラニン | アスパラギン酸<br>アスパラギン酸<br>グルタミン酸<br>グルタミン酸 | グリシン<br>グリシン<br>グリシン<br>グリシン | U<br>C<br>A<br>G |

AUGを読むとメチオニンですね。でも「開始」と書いてあります。これは、ここから翻訳を始めなさいという暗号でもあるのです。ですからこのAUGの前にたくさん塩基が並んでいても翻訳されず、AUGから初めて読み始めるのです。次のUCCの場合はセリンですね。GCAの場合はアラニンです。

　ところが次のUAAを読むと「停止」と書いてあって、アミノ酸の名前がありません。これは、翻訳はここでおしまいという翻訳終了の暗号なのです。この暗号があると、その後ろにどれだけ塩基が並んでいてももう翻訳されません。

　したがって、先ほどの伝令RNAから生じるタンパク質のアミノ酸配列はメチオニン・セリン・アラニンだけとなります。

| AUG | UCC | GCA | UAA | CGA | AAU |

メチオニン ― セリン ― アラニン ― 停止暗号

後ろは読まない

## その2のまとめ　遺伝子の発現

### ❶DNAの構造
ヌクレオチドが多数結合した鎖が2本並び、らせん状をしている。これを二重らせん構造と呼ぶ。ワトソンとクリックが解明。

### ❷DNAとRNAの違い

|  | 糖 | 塩基 |
|---|---|---|
| DNA | デオキシリボース | A・G・C・T |
| RNA | リボース | A・G・C・U |

### ❸タンパク質合成の過程
- 第1段階〔転写〕
  DNAの塩基配列を写し取って伝令RNAをつくる。
- 第2段階〔翻訳〕
  伝令RNAの塩基配列をもとに、運搬RNAがアミノ酸を運搬し、アミノ酸どうしが結合する。

### ❹コドン
伝令RNAの3つの塩基からなる暗号（コドン）には、翻訳を開始させる「開始」コドンや翻訳を終了させる「停止」コドンもある。

## その3 遺伝子組換えってどうするの?

### 遺伝子組換え生物

「本製品には**遺伝子組換え**作物を使っていません」というコマーシャルが流れたりします。

遺伝子組換え作物ってどのようなものなのでしょう？

現在つくられている遺伝子組換え作物にもいろいろな種類があります。除草剤に強いダイズや、虫を殺す毒素をつくるトウモロコシなどです。

また、ホタルの遺伝子をもったタバコなんてものもつくられています。これはホタルの**発光遺伝子**が組み込まれており、植物なのに、光ることができるタバコなのです！

遺伝子組換え生物は植物だけではありません。

たとえば、ホタルの遺伝子をもったネズミ（やっぱりネズミなのに光ります！）、ヒトの遺伝子をもった大腸菌（大腸菌なのにヒトのホルモンをつくります）、ヒトの遺伝子をもったブタ（ブタの臓器をヒトに移植する目的でつくられました）などなど、植物以外にも、さまざまな遺伝子組換え生物が誕生しているのです。一般に、生物は種が違うと、交配したとしても、雑種はできません。

アサガオの花粉をサクラのめしべに受粉させても種子はできませんし、ヒトとサルがもし交尾してもサル人間は生まれることはありません。

ましてやホタルとタバコが結婚しても（??）ホタルの遺伝子をもったタバコは生じません。

ところが、遺伝子組換えの技術によって、種の壁を越えて、自由に他の生物の遺伝子をもった新しい生物をつくることが可能になったのです。

### 遺伝子組換えに使う道具

遺伝子組換えにはどのような道具が必要なのか、見てみましょう。

**必要なのは、DNAを切断する「はさみ」と、DNAをつなぎ合わせる「のり」です。**

もちろん本当に、はさみやのりを使うのではありません。
どちらも酵素を使います。

ある特定の塩基配列の部分でDNAを切断する酵素を**制限酵素**といいます。

制限酵素にもいろいろな種類がありますが、それぞれ決まった塩基配列の部分でDNAを切断する働きがあります。

たとえば、BamHⅠという制限酵素はDNAの1本の鎖の塩基配列がGGATCC（もう一方の鎖の塩基配列はCCTAGGです）となっている部分があると、ここでDNAをかぎ型に切断します。

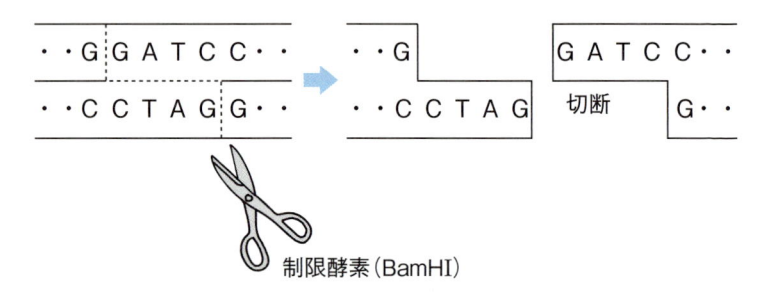

```
・・G G A T C C・・        ・・G              G A T C C・・
・・C C T A G G・・        ・・C C T A G     切断    G・・
```

制限酵素（BamHI）

このようにしてできたDNAの断片どうしをつなぎ合わせるのが、**DNAリガーゼ**という酵素です。

このようなはさみの役割をする酵素と、のりの役割をする酵素を使って遺伝子組換えが行なわれます。

### 遺伝子組換え生物のつくり方

さあ、道具はそろいました。ではつくり方を見てみましょう。

たとえば大腸菌にヒトの遺伝子を組み込ませる場合です。

大腸菌のような細菌には本体のDNA以外に、いわばオプションのような小さな環状のDNAがあり、これを**プラスミド**と

いいます。

　まず、このプラスミドを取り出します。

　そしてこのプラスミドを、先ほど説明した制限酵素で切断します。

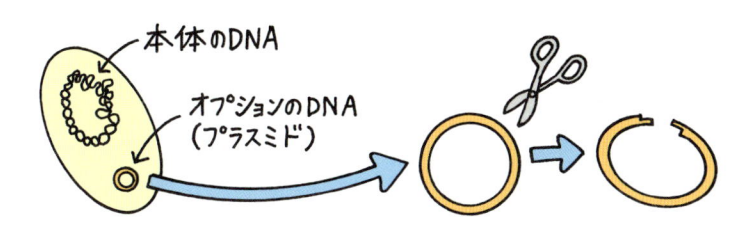

本体のDNA
オプションのDNA
（プラスミド）

　次にヒトのDNAの中で、組み込みたい遺伝子の部分を同じく制限酵素で切断して取り出します。

目的とする遺伝子
ヒトのDNA

　このヒトの遺伝子を含むDNA断片と切断しておいたプラスミドをDNAリガーゼでつなぎ合わせます。

　これを再び、大腸菌に入れてやればOKです。

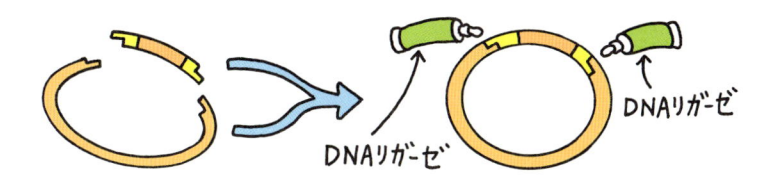

DNAリガーゼ
DNAリガーゼ

同じようにして、ホタルのDNAの中から発光に関係する遺伝子の部分だけを取り出して、ネズミのDNAとつなぎ合わせれば、「光るネズミ」をつくることができるのです。

## 遺伝子組換え作物は安全か？

　世界で初めて商品化に至った遺伝子組換え作物は、トマトでした。

　トマトは、果実が成熟すると、細胞と細胞の間にあるペクチンという物質が分解されて柔らかくなってきます。

　このペクチンを分解するのも酵素の働きなのですが、遺伝子組換えの技術で、この酵素の働きを抑えたトマトがつくられました。つまり、遺伝子組換えによって**日もちがよく、店頭に長くおくこともできるトマト**になるというわけです。

　このくらいであれば、従来の品種改良とそれほど違いがないような感じで違和感も少ないのですが、**除草剤に強いダイズや、殺虫毒素をつくるトウモロコシ**となると、かなり抵抗を感じるかもしれません。

　殺虫毒素をつくるトウモロコシというのは、その葉を食べた虫が死んでしまうような毒素を、みずからつくり出すトウモロコシです。

　殺虫剤をまかなくて済むので便利だし、殺虫剤を使っていないのでかえって安全だというのです。

　しかし、そのような毒素が結果的には人体にも入ってくるわけですし、長期間での摂取によってどのような影響があるのか、

また生態系への影響はないのかなど、明らかにしなければいけない課題はまだまだあると思われます。

また、目的とする遺伝子を取り出したとしても、他の生物に組み込んだとき、思わぬ働きを現さないという保証もありません。

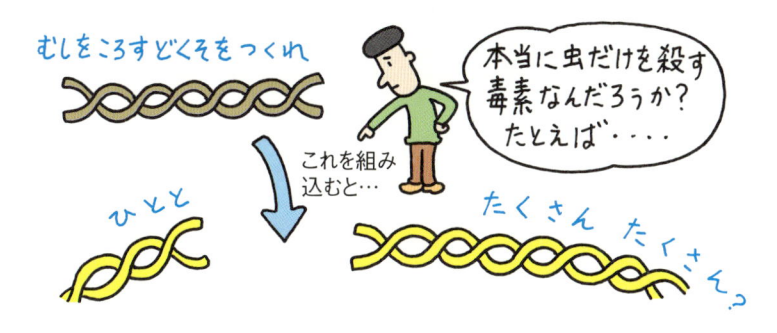

DNAを操作する技術を手に入れたり、DNAの塩基配列を解明できたとしても、どの部分がどのような条件でどう働き出すかなど、まだまだ未知の部分はたくさんあります。

でも、こうした技術は一度手に入れると、止めてしまうこと

は難しいのです。

それだけに、**つねにこのような技術の進歩に関心をもち、監視する姿勢が必要**なのだと思います。

---

**その3のまとめ　遺伝子組換え技術**

**❶遺伝子組換えのしくみ**

　はさみの役割をする制限酵素と、のりの役割をするDNAリガーゼを利用する。

**❷遺伝子組換えの手順**

　例　大腸菌にヒトの遺伝子を組み込む場合
1. 大腸菌にあるプラスミドという小さな環状DNAを取り出す。
2. プラスミドを制限酵素で切断する。
3. ヒトの遺伝子を制限酵素で切り出す。
4. 2と3をDNAリガーゼでつなぎ合わせる。
5. これを大腸菌に入れる。

**❸遺伝子組換え作物の安全性**

　品種改良の延長だという考えもあるが、人体や環境への影響などを長期にわたって監視する必要がある。

　そのためにもまずは、このような技術に対する関心と正しい知識をもつことが大切。

# 第6章

## 身体中をめぐる輸送システム
―― 血　液 ――

### その1　なぜ血液は必要なの？

### その2　エイズはなぜ怖い？

### その3　ホルモンって何？

## その1 なぜ血液は必要なの？

### 血液とは？

よく「死因は出血多量で……」とか「血液をさらさらにしないといけない……」などと耳にするので、血液が大切なのだというのは何となくわかりますが、なぜそれほど血液が大切なのでしょう？

また、もともと血液は何のためにあり、どのような働きをしているのでしょうか？　そこでまず、血液の中には何があるのかを見てみましょう。

血液の約55％は液体成分でこれを**血漿**（けっしょう）といいます。残りの45％は**赤血球**や**白血球**、**血小板**（けっしょうばん）などの固形成分です。

### 赤血球

赤血球は、以前にも登場しましたが、核などの細胞小器官をもたない例外的な細胞です。そのような細胞小器官がない分、ヘモグロビンという物質をいっぱい詰め込んでいる細胞です。

**この**ヘモグロビンは酸素の多いところでは酸素と結合し、酸素の少ないところでは酸素を離すという性質をもっています。

すなわち、酸素の多い肺の近くの血液中ではヘモグロビンは酸素と結合し、組織の末端のような酸素の少ない場所を流れる血液中ではヘモグロビンは酸素を離すのです。

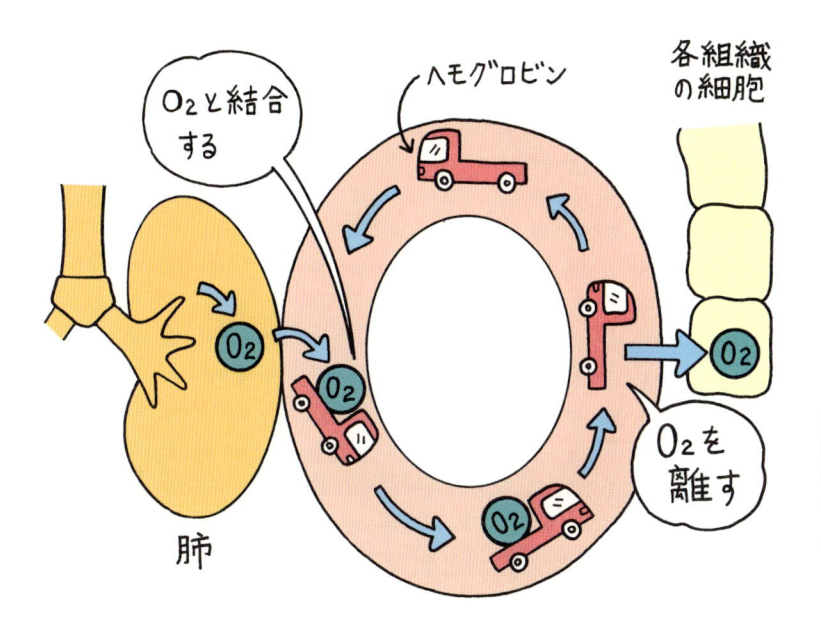

このようにして肺から組織の細胞へと酸素が運ばれます。
　ヘモグロビンが酸素と結合しやすいだけだったら、肺では酸素を受け取れますが、組織へ行っても酸素を離さず、酸素と結合したままです。これでは意味がありませんね。
　組織の近くでは、ヘモグロビンは酸素を離しやすい性質もあるので、酸素を肺から組織の細胞へ届けられるのです。
　このような赤血球が1 mm³中に450万〜500万個も含まれています。たった1 mm×1 mm×1 mmの血液の中に500万個も入っているのですからすごい数ですね。**身体全体では、ざっと計算すると約35兆個の赤血球があることになります。この赤血球を1列に並べると、地球を5周以上するほどの数です！**

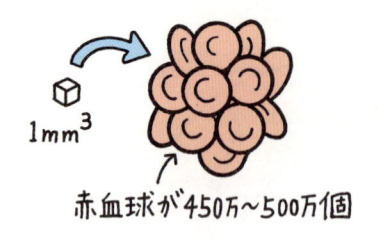

1mm³ 赤血球が450万〜500万個

1人分の赤血球を1列に並べると 地球5周の長さ

### 血小板

　出血してもしばらくすると血が固まって、出血も止まります。これを**血液凝固（ぎょうこ）**といいます。

　**この血液凝固に働くのが血小板です。**もともと巨核球という大きな細胞がちぎれて生じた細胞の切れ端みたいなものが血小板なのですが、血小板の中には血液凝固に関係するさまざまな物質（**凝固因子（いんし）**）がたくさん含まれています。

　これ以外で血液凝固に必要な役者は、カルシウムイオン、**トロンビン、フィブリン**などです。

　トロンビンは酵素の一種なのですが、最初はプロトロンビンという働きのない状態で存在しています（最初から働く状態だといつでも血が固まってしまうからです）。

　フィブリンは細かい糸のようなものですが、これも最初はフィブリノーゲンという糸になる前の状態で存在します。

　カルシウムイオンもプロトロンビンもフィブリノーゲンも、血漿中に存在している物質です。

さあ、役者はそろいました。血液凝固物語の始まりです。

　けがをして出血すると、血小板から凝固因子が放出されます。この凝固因子とカルシウムイオンの働きで、血漿中にあるプロトロンビンがトロンビンに変身します。

　トロンビンはフィブリノーゲンをフィブリンに変身させます。このフィブリンが赤血球などと絡みついて大きな塊をつくり、血が固まります。この塊を血餅といいます。傷口にできる「かさぶた」はこの血餅です。

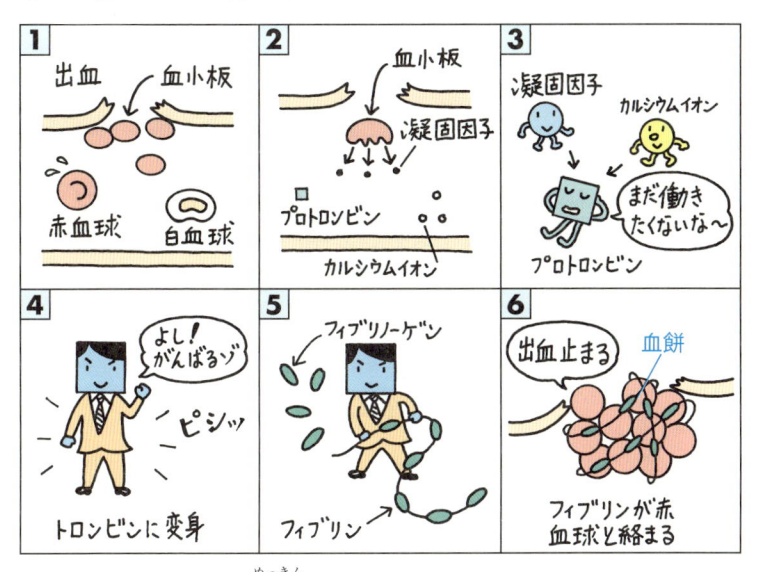

| 1 出血・血小板／赤血球・白血球 | 2 血小板／凝固因子／プロトロンビン／カルシウムイオン | 3 凝固因子／カルシウムイオン／プロトロンビン「まだ働きたくないな～」 |
|---|---|---|
| 4 「よし！がんばるゾ」ピシッ／トロンビンに変身 | 5 フィブリノーゲン／フィブリン | 6 出血止まる／血餅／フィブリンが赤血球と絡まる |

　病院などで傷口に滅菌ガーゼを押し当てるのにはちゃんと意味があります。

　傷口にガーゼを押し当てると、荒いガーゼの表面に血小板が付着しやすくなるだけでなく、押し当てることでその血小板が

壊れ凝固因子が放出されやすくなり、血液凝固しやすくなるのです。

　出血して、服などに血が付いたとき「お湯ではなく冷たい水で洗い流しなさい」と家庭科で習ったりします。これにもちゃんと意味があります。

　お湯で洗うと、トロンビンなどの酵素の働きが促進されるので血餅ができやすくなり、その血餅が服に付いて取れにくくなるからです。冷たい水で、酵素があまり働かないようにしながら洗い流すほうがいいのです。

　また、試験管に血液を入れておくと、血餅が生じて沈殿しますが、血餅にならなかったものが上澄み液となります。この上澄み液を**血清**といいます。

　血漿とこの血清は似ていますが、**血漿の成分からフィブリノーゲンなどの凝固に関与する物質を除いた残りが血清**に相当します。

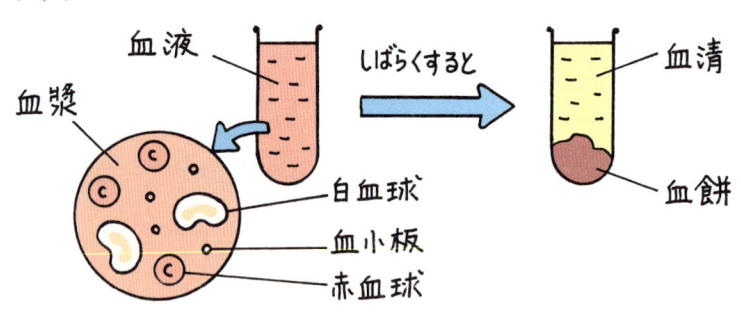

　出血していないのに、このような血餅が生じることがあります。この場合は**血栓**といいます。この血栓が血管を詰まらせた

りする原因となります。

　もちろん、血栓ができてもこれを溶解するしくみがちゃんとあります。最近は歯磨きのコマーシャルでも登場するプラスミンという物質がありますが、これがフィブリンを分解して血栓を溶解してくれるのです。

　また、血栓は血液の停滞などで生じやすくなります。

　同じ姿勢のままでは、血液の停滞が起こりやすいため、長時間飛行機に乗ったときなどはときどき身体を動かすことが必要なのです。

### 白血球

　白血球にはいろいろな種類があります。リンパ球と呼ばれるのもこの白血球の一種です。

　つまり血液中の細胞で、ヘモグロビンのような物質をもたない細胞をすべて白血球といいます（血小板は細胞の切れ端だったので、一人前の細胞ではありません）。

　**白血球中、最も数が多いのが好中球（こうちゅうきゅう）**です。白血球の50%〜70%はこの好中球という白血球です。

　この好中球は、**体内に侵入してきた細菌などを食べてくれる働き**があります。細菌を食べた好中球は死んでしまい、その死んでしまった好中球や組織の残骸が膿（うみ）となるのです。

　膿は、細菌と戦ってくれた好中球の死骸の山なのです。

　好中球以外の白血球もまだまだありますが、それは173ページ以降でお話ししましょう。

第6章　血液

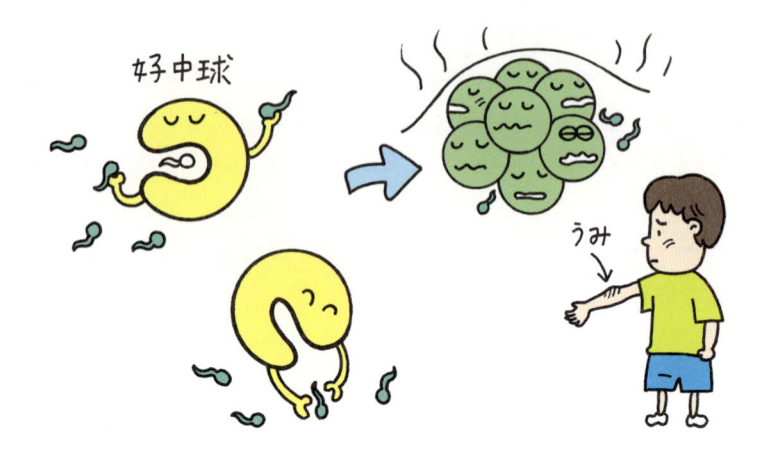

### 血漿

　血漿の90％は水です。他には、フィブリノーゲンやプロトロンビンなど血液凝固にかかわるタンパク質、免疫にかかわる抗体（これもタンパク質）、カルシウムイオンやナトリウムイオンなどのいろいろなイオン、栄養分であるブドウ糖、いろいろなホルモン、老廃物である二酸化炭素、尿素などが含まれています。

　血漿はこれらのいろいろな物質を運んでくれているのです。

　ブドウ糖は、栄養分を吸収した小腸から各細胞へ運ばれます。そこで好気呼吸の材料として使われるのです。

　ホルモンは185ページから登場しますが、いろいろな器官の働きを調節する物質です。

　各細胞で生じた二酸化炭素は血液によって運ばれて肺へ行き、肺から体外に放出されます。

尿素は血液によって腎臓に運ばれて体外に排出されます。

このように血液は、酸素やブドウ糖、ホルモンなどを各細胞に運んでくれる宅配の働き、各細胞が放出した老廃物を回収してくれるゴミ収集の働き、病原菌などの侵入に備えて身体中をパトロールしてくれる警備の働き、血管が破れて出血するとそれを修復する配管工事の働きなどをしてくれているのです。

そんな大切な血液は、体重の約12分の１～13分の１（体重60kgの人であれば約５ℓ）含まれています。その30％以上の血液を失うとショック状態に陥り、死亡することもあります。

## その1のまとめ：血液の成分と働き

### ❶血液の組成

血液
- 固形成分
  - 赤血球：ヘモグロビンを含み、酸素を運搬する
  - 白血球：病原体や異物から身体を守る
    （好中球・好酸球・好塩基球・リンパ球・単球）
  - 血小板：血液凝固に働く
- 液体成分
  - 血漿
    - 水
    - タンパク質・ブドウ糖
    - いろいろなイオン・ホルモン
    - 二酸化炭素・尿素

### ❷血液凝固のしくみ

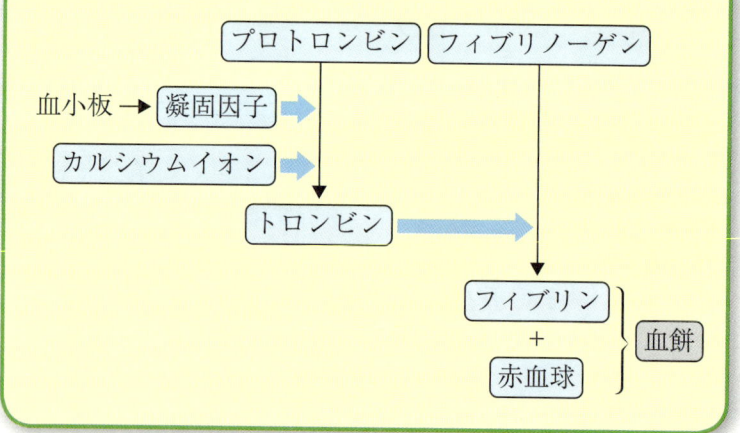

プロトロンビン　フィブリノーゲン

血小板 → 凝固因子

カルシウムイオン

↓

トロンビン

↓

フィブリン ＋ 赤血球 ＝ 血餅

## その2 エイズはなぜ怖い?

### 免疫システムの破壊

　エイズは正式には後天性免疫不全症候群（Acquired Immune Deficiency Syndrome）で、これを略して**AIDS**といいます。

　エイズが他の病気以上に怖いとされる理由は、エイズに感染することで、**免疫**システムが正常に働かなくなり、普通なら感染しない他の病原菌などにも簡単に感染してしまうようになることにあります。

　エイズの原因となるのがエイズウイルスですが、このウイルスがどうやって免疫システムを破壊してしまうのか、また免疫とはどのようなしくみなのかを見てみることにしましょう。

### 免疫のしくみ

　免疫に関係する役者にまず登場してもらいましょう。

　主役はリンパ球ですが、さらに細かく見ると、ヘルパーT細胞やキラーT細胞、B細胞などが登場します。いずれもリンパ球の一種です。

　脇を固めるのが白血球です。単球という白血球から生じた大型の白血球の**マクロファージ**も重要な役割をします。さらに、好酸球や好塩基球という白血球も登場します。

　じつは、免疫には大きく分けて2種類の方法があります。**体**

**液性免疫**と**細胞性免疫**の2種類です。
　まずは体液性免疫から見ることにしましょう。

### 体液性免疫

　体内に病原菌などの異物（これを**抗原**といいます）が侵入すると、マクロファージがこれを食べて処理します。と同時に、入ってきた抗原の特徴をヘルパーT細胞に連絡します。

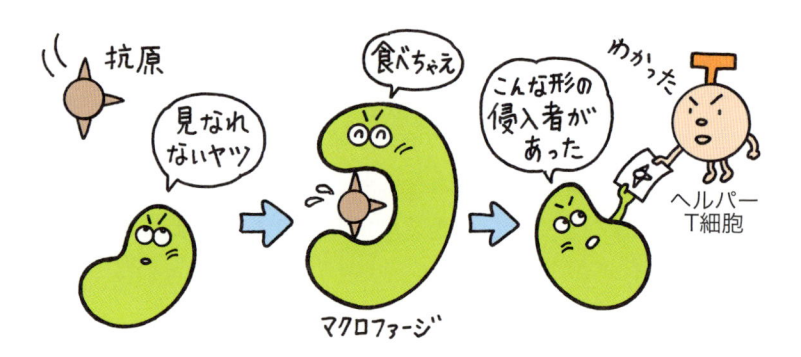

　連絡をもらったヘルパーT細胞はB細胞に対して刺激を与えます。すると、B細胞が分裂増殖し、さらに形質細胞という細胞に分化します。この形質細胞が細胞内で免疫グロブリンというタンパク質を合成し、これを**抗体**として血漿中に放出します。
　この抗体が抗原と反応し（**抗原抗体反応**）、抗原の働きを不活性化してくれるのです。
　このように、最終的には<u>血漿という体液中の抗体が働く免疫</u>なので体液性免疫といいます。

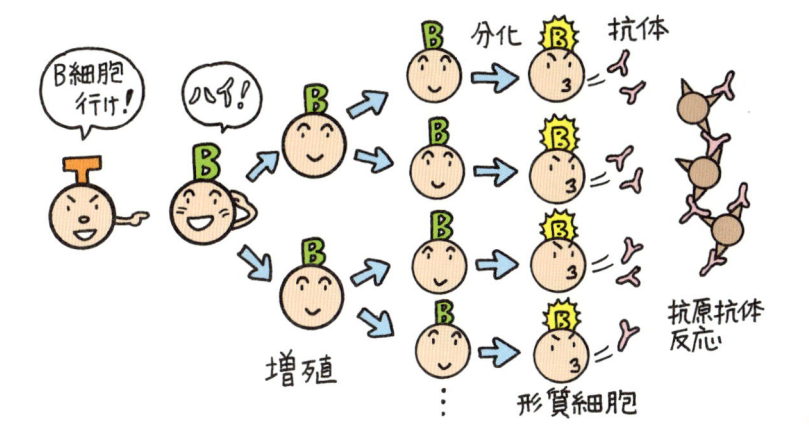

### 抗体

抗体は右に示すような構造をしています。

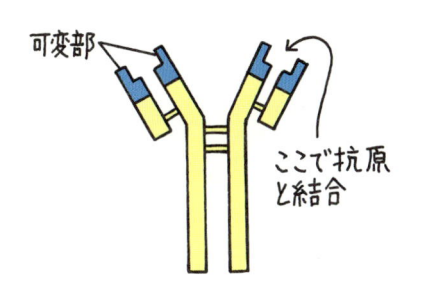

Yの字をした先端部は可変部と呼ばれ、抗体の種類によってアミノ酸の種類や配列の仕方が異なります。逆にいうと、いろいろな種類の抗原に対してそれぞれ決まった形の抗体がつくられて反応することができるのです。Aの抗原に対してはAの抗体、Bの抗原に対してはBの抗体というように。

このように**決まった相手としか反応しないことを特異的な反応といいます**。そういえば酵素と基質の反応も特異的でしたね。B細胞にも多くの種類があり、つくれる抗体が決まっています。

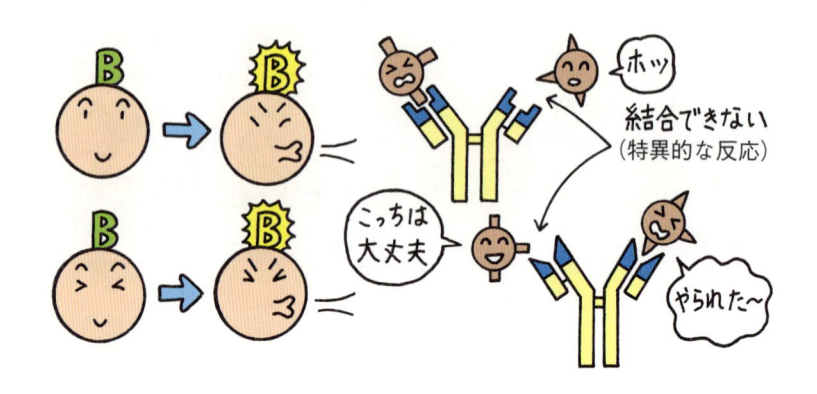

### 免疫記憶

いちど抗原が侵入すると、B細胞が増殖し、形質細胞（抗体をつくるので抗体産生細胞とも呼ばれます）に分化するといいましたが、増殖したB細胞すべてが形質細胞に分化するのではありません。**ヘルパーT細胞に刺激されて増殖はしたけれど、形質細胞に分化しないでB細胞のまま残っているもの**（**記憶細胞**といいます）もあるのです。

B細胞から形質細胞に分化してしまったものは、寿命が短くてすぐ死んでしまうのですが、B細胞のままのものは寿命が長いのです。

同じ種類の抗原がもういちど侵入した場合は、このある程度増殖したB細胞から反応が再開されることになるので、1回目よりも早くしかも大量の抗体をつくり出すことができます。

そのため2回目は発病する前に抗原を処理できるのです。だから1回はしかにかかると、もうかからなくなるのです。

僕たちは次に備えて残るね

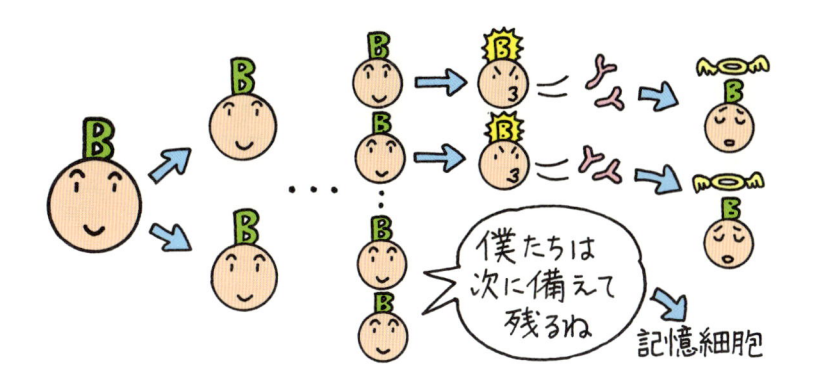

記憶細胞

　このような現象をうまく利用したのが、予防注射です。病原菌を弱毒化したりしたものを**ワクチン**といいますが、これを注射することで**免疫記憶**をつくらせておくのです。

### 細胞性免疫

　もうひとつの免疫は細胞性免疫です。
　この場合も、侵入した抗原をマクロファージがまず処理し、ヘルパーT細胞に抗原の情報を教えます。ここまでは、体液性免疫と同じです。
　連絡を受けたヘルパーT細胞はキラーT細胞という別のリンパ球を刺激します。するとキラーT細胞が増殖し、抗原と直接反応して、抗原を不活性化します。
　このように、**最終的にはキラーT細胞という細胞が抗原と反応するので、細胞性免疫といいます。この場合は体液性免疫と違い、抗体はつくられません。**

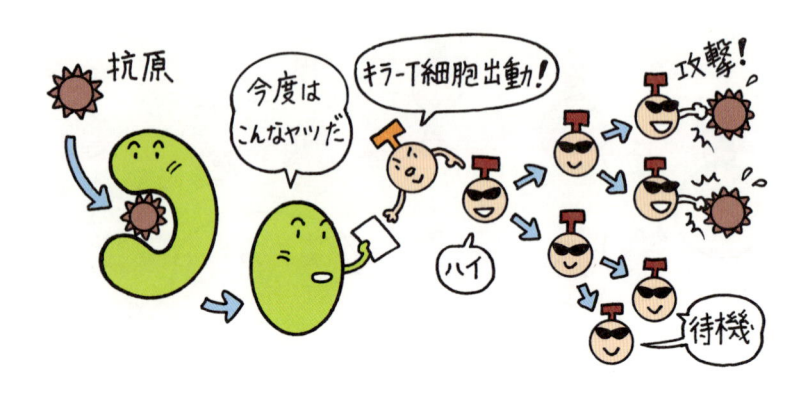

細胞性免疫でも1回目に増殖したキラーT細胞の一部が記憶細胞として残り、2回目は早めに激しく反応できるのです。ウイルスに侵された細胞やがん細胞を処理したりするときや、臓器を移植したときに起こる**拒絶反応**も細胞性免疫によります。

## エイズの恐ろしさ

　このように免疫にはいろいろな細胞が関係しますが、その要となっているのはヘルパーT細胞ですね。
　B細胞に司令を出して体液性免疫を起こさせるのも、キラーT細胞を刺激して細胞性免疫を行なわせるのもヘルパーT細胞の働きによります。
　ところが、エイズウイルスはこの**ヘルパーT細胞に感染し、これを破壊してしまう**のです。
　ヘルパーT細胞が破壊されると、体液性免疫も細胞性免疫も作用しなくなります。そのため、普段はすぐにやっつけられる

弱い病原菌も、カビやがん細胞も、排除できなくなるのです。

　免疫系にとって最も大切なヘルパーT細胞を狙い撃ちするところがエイズウイルスの恐ろしいところだといえます。

### T細胞養成所

　B細胞もT細胞も、もともとは骨髄でつくられます。

　B細胞はそのままで一人前になれるのですが、T細胞はその後、T細胞を一人前に養成する学校へ行き、教育されて初めて一人前のT細胞になれるのです。

　そのT細胞養成所が胸腺という場所です。

　T細胞もB細胞と同じく、どの抗原と反応するかによってさまざまな種類があるのですが、最初は自分の細胞や物質を攻撃してしまうT細胞までつくってしまうのです。

　もちろんそんな細胞が働いてしまうと、自分に対して拒絶反応を起こしてしまうので大変です。

　そこで、胸腺の中で、自分を攻撃するような不必要なT細胞は排除されていきます。

その結果、免疫系が完成したころには、自分を攻撃しないT細胞ばかりになっているわけです。

骨髄（Bone Marrow）だけで一人前になるのでB細胞、一人前になるのに胸腺（Thymus）が必要なのでT細胞といいます。

### アレルギー

免疫は一般には身体にとって都合のよいものです。しかし、その反応が激しすぎるのがアレルギーです。

侵入した抗原に対して形質細胞が抗体（厳密には**IgEという抗体**）をつくるところまでは正常な反応と同じです。

この抗体が、白血球の一種であった好塩基球から生じた肥満細胞と呼ばれる細胞の表面に結合します。

すると、肥満細胞はヒスタミンという物質を大量に放出します。このヒスタミンが鼻水やかゆみなどの症状を引き起こすのです。このような**アレルギー症状を引き起こす抗原のことをアレルゲン**といいます。スギなどの花粉やダニの他、牛乳や卵な

どの食物もアレルゲンとなってしまうことがあります。

じつは私も花粉症で、書いているだけで鼻がむずむずしてきたので、このお話はこのあたりでおしまいにしましょう。

### ABO式血液型の調べ方

おなじみのABO式血液型は、抗原と抗体による反応を利用して分類したものなのです。

抗原に相当する物質として**凝集原**（ぎょうしゅうげん）というものがあります。抗原に相当するといっても病原性があるわけではありません。凝集原は赤血球の表面に存在します。一方、抗体に相当する物質は**凝集素**（ぎょうしゅうそ）といい、血漿中に存在します。

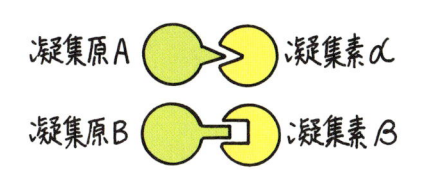

凝集原にはAとBがあり、凝集素には$\alpha$と$\beta$があります。Aと$\alpha$が出会うと赤血球どうしがくっついてしまう凝集反応を起こします。同様に、Bと$\beta$が出会うと凝集反応が起こります。

凝集原としてAをもつ人がA型、Bをもつ人がB型、AとBの両方をもつ人をAB型、AもBももたない人をO型といいます。A型の人は凝集素$\beta$を、B型の人は凝集素$\alpha$を、AB型の人は凝集素はもたず、O型の人は凝集素$\alpha$と$\beta$の両方をもちます。これらをまとめたのが次の表です。

|  | A型 | B型 | AB型 | O型 |
|---|---|---|---|---|
| （赤血球にある）凝集原 | A | B | AとB | なし |
| （血漿（血清）にある）凝集素 | $\beta$ | $\alpha$ | なし | $\alpha$と$\beta$ |

## Quiz

**Q** 犯人の残した血液にA型血清を加えると凝集反応が起こったが、B型血清を加えても凝集反応は起こらなかった。犯人は何型か？

**A** A型血清とは文字通りA型の人の血清成分のことで、凝集素$\beta$が含まれています。この凝集素$\beta$を加えて凝集反応が起こったのですから、犯人は凝集原Bをもっていることがわかります。すなわち、B型かAB型です。

次にB型血清（凝集素$\alpha$が含まれている）を加えたのに凝集

反応が起こらなかったということは、犯人は凝集原Aをもっていないということがわかります。

よって犯人はB型と判断されるのです。

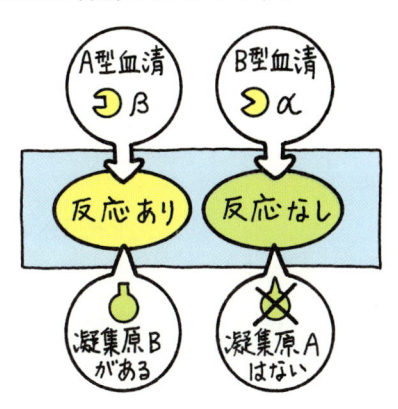

### 先天的な免疫

生まれたばかりの赤ちゃんは、一見最もひ弱そうですが、胎児のときに、胎盤を通して母親の抗体をもらってきているので、意外と病気にかかりにくいのです。

また、お乳にも抗体が含まれているので、特に最初に飲ませるお乳（初乳）は大切だといわれます。

ただ、このようなもらってきた抗体は、自分でつくったものではないので、やがて時間とともになくなってしまいます。

生まれたばかりの赤ちゃんよりも、6カ月くらいになったほうが風邪などにもかかりやすくなるのはこのためです。

母親の抗体がなくなったあとは、自分で免疫をつくって、たくましく生きていかなければいけないのです。

> その2の
> まとめ

# 免疫機構

### ❶生体防御システムとしての免疫
1）侵入した抗原をまずマクロファージが処理する。
2）マクロファージはヘルパーT細胞に抗原の情報を教える。
3）その後の反応によって、免疫は以下の2種類に大別される。
- 体液性免疫
  最終的には、B細胞から分化した形質細胞が産生し、分泌した抗体が抗原と反応して行なわれる免疫。
- 細胞性免疫
  最終的には、活性化したキラーT細胞が直接、抗原と反応して行なわれる免疫。臓器移植に伴う拒絶反応は、この細胞性免疫による。

### ❷エイズウイルスの感染とは？
いずれの免疫にも必要なヘルパーT細胞に感染し、ヘルパーT細胞の働きをなくしてしまう。そのため体液性免疫も細胞性免疫も働かなくなってしまう。

### ❸ABO式血液型の分類法
抗原抗体反応を利用して分類したもの。
- 凝集原Aと凝集素$\alpha$が出会うと凝集反応を起こす。
- 凝集原Bと凝集素$\beta$が出会うと凝集反応を起こす。

## その3 ホルモンって何？

### ホルモンと受容体

　ホルモンという名前はよく聞くと思います。いったいどのような物質なのでしょう？

　特定の分泌腺（これを**内分泌腺**といいます）から血液中に分泌され、血液によって運ばれ、特定の器官の働きを調節する物質をホルモンといいます。

　たとえば、**インスリン**（インシュリン）というホルモンは、**膵臓**から血液中に分泌されて、血液によって運ばれて、**肝臓**の細胞や脂肪細胞に働きかけます。

　このようにホルモンは、血液によって運ばれるので、全身に運ばれることになります。

　でも全身の細胞に働きかけるのではなく、ある特定の器官の細胞にしか働きかけません。

　これは、**特定の細胞にだけ、そのホルモンと結合する受容体があり、その受容体と結合することで初めてホルモンの働きが現れる**からです。

　たとえば、郵便屋さんは道路を使って、町のいろいろな家の前を通っていきますが、大森さん宛ての手紙は大森と書いた表札のある家にだけ届けられ、田中さんちや中原さんちの家の前は素通りしますね。

　同じように、インスリンというホルモンは血液によって全身

第6章 血液

に運ばれますが、インスリンと結合できる受容体をもった、肝臓の細胞や脂肪細胞とだけ結合して働きかけ、他の腎臓にも心臓にも働きかけず素通りするのです。

### インスリンの働き

せっかくインスリンが登場したので、少しインスリンの働きを見てみましょう。

膵臓には**ランゲルハンス島**という組織があります。

ランゲルハンス島というのは本物の島ではなく、顕微鏡でのぞいたときに点在する島のように見えたというところから、この名が付けられた組織です。

インスリンはこのランゲルハンス島のB($\beta$)細胞という細胞から血液中に分泌されるホルモンです。

一方、血液中には一定量のブドウ糖が含まれています（これを血糖といいます）。

**血糖の量が多くなると、先ほどのインスリンが分泌され、肝**

臓の細胞や脂肪細胞に働いて、**血液中のブドウ糖**を**グリコーゲンや脂肪に変える反応を促進**します。

ブドウ糖がグリコーゲンや脂肪に変わってしまうと、血液中のブドウ糖を減らすことになります。

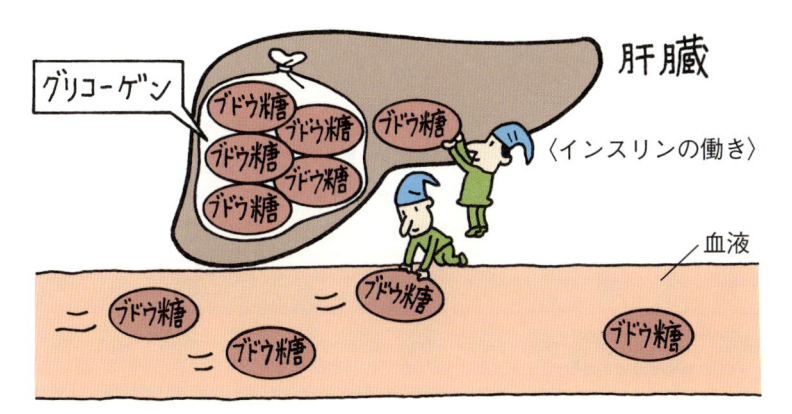

〈インスリンの働き〉

食事を取って血糖量が急激に上昇すると、インスリンがたくさん分泌されることで、脂肪が合成されて皮下脂肪となってしまうのです。

そこで、**急激に血糖量が上昇しないような食べ方をすると、インスリンの分泌量を減らすことができるので、皮下脂肪が付きにくくなる、というのが低インスリンダイエット**と呼ばれるものです。

怪しげな薬でダイエットしようとするよりは、ちゃんと理にかなった方法だといえるかもしれません。

逆に、血糖量が減りすぎると、膵臓のランゲルハンス島のA（$a$）細胞から**グルカゴン**というホルモンが分泌され、また**副腎髄**

質から**アドレナリン**というホルモンが分泌され、グリコーゲンを分解してブドウ糖に変える反応を促進し、血糖量を上昇させてくれます。

このようにして血糖量はほぼ一定の値（血液100mℓ中に100mg程度）に保たれています。

インスリンの分泌量が少なかったり、インスリンの効果がうまく現れなくなると（受容体がおかしくなるなど）、血糖量を低下させられなくなり、血糖量が上昇したままになってしまいます。するとこの余分なブドウ糖が尿に混ざります。これが**糖尿病**です。

### チロキシン

**チロキシン**もわりによく名前を聞くホルモンだと思います。

チロキシンは、**甲状腺**という内分泌腺から分泌され、細胞内での好気呼吸を促進するというホルモンです。

また、両生類（カエルなど）では、**変態**（オタマジャクシから成体に変わる）を促進する働きもあります。

すなわち、変態する時期になると、このチロキシンが多く分泌されてオタマジャクシから成体に変身するのです。

そこで、オタマジャクシのときに甲状腺を手術で取ってしまうとチロキシンが分泌されないので、いつまでも変態せずに成長して、普通よりも大きなオタマジャクシになってしまいます。

逆に、まだ小さいオタマジャクシのときに、人工的にチロキシンを与えてやると、すぐに変態して小さなカエルになります。

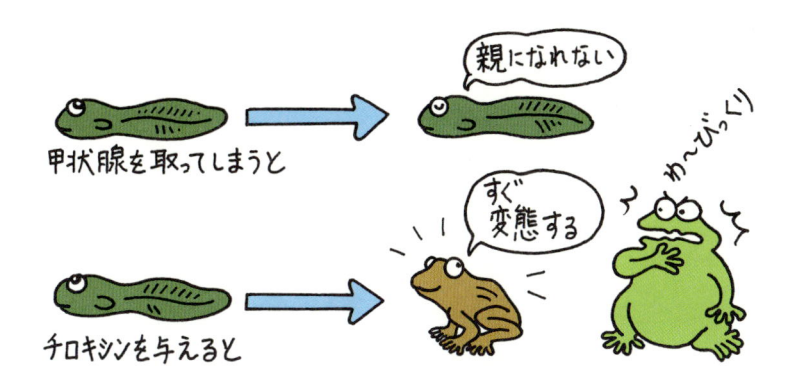

この甲状腺を支配するのは、**脳下垂体前葉**（のうかすいたいぜんよう）という内分泌腺で、ここからは**甲状腺刺激ホルモン**が分泌されます。

　すなわち、**脳下垂体前葉から分泌された甲状腺刺激ホルモンが文字どおり甲状腺に刺激を与えると、甲状腺からチロキシンが分泌される**のです。

　脳下垂体前葉が上司で、甲状腺が部下です。脳下垂体前葉の命令で初めて甲状腺が働き出すのです。

　ところが、この分泌されたチロキシン自身が脳下垂体前葉に対して刺激を与えます。もし血液中のチロキシンの量が多い場合は、「もうこれ以上刺激しなくていいよ」と脳下垂体前葉に働きかけます。

　すると、脳下垂体前葉は「わかった。じゃあホルモン減らすね」と答えて（本当にしゃべるわけではありませんが）、甲状腺刺激ホルモンの分泌量が減ります。その結果、甲状腺から分泌されるチロキシンの量も減ります。

　逆に、チロキシンの量が少ない場合は、脳下垂体前葉に対し

て「もっと刺激ホルモンを出せ！」と働きかけるのです。

　すなわち、上司が部下に命令を下すけれど、けっして一方通行ではなく、部下がその結果を上司に報告すると、ちゃんと上司は部下のいうことを聞いてくれるのです。

　このように、**最終的な結果**（この場合はチロキシンの量が多いとか少ないとか）**が原因**（この場合は脳下垂体前葉）**に対して働きかけて行なう調節**を**フィードバック調節**といいます。

　このような調節機能によってホルモン量は一定の範囲に調節されているのです。

　チロキシンには呼吸を促進する働きがあります。チロキシンがダイエットの薬に含まれていた事件がありましたが、安易にホルモンを摂取するのは危険です。

　ホルモンのバランスが崩れ、フィードバック調節などにも変調をきたす恐れがあるからです。

## 糖質コルチコイド

**副腎皮質**から分泌されるのが**糖質コルチコイド**というホルモンです。タンパク質をブドウ糖に変化させる反応を促進して血糖量を上昇させる働きや、炎症を抑える働きなどがあります。

糖質コルチコイドは、**ステロイド**という脂質の一種でできているので、この糖質コルチコイドを含んでいて、炎症を抑える薬をステロイド剤と呼んだりします。

ステロイドの成分でできているホルモンにはこれ以外にも、生殖腺から分泌されるホルモンがあります。

二次性徴を発現する男性ホルモン（**テストステロン**など）や女性ホルモン（**エストラジオール**など）です。

男性ホルモンには筋肉増強といった働きがあって、筋肉増強剤として使用されるため、オリンピックなどでステロイド剤が検出されて、メダル剥奪という騒ぎがありましたね。

## 恒常性

これ以外にもまだまだいろいろなホルモンがあります。

いずれにしてもホルモンは微量で大きな働きを発揮するだけに、体内での分泌量も微妙に調節されています。

このように血糖量も体液の濃度も体温もほぼ一定の範囲で調節されています。これを**恒常性**（**ホメオスタシス**）といいます。

それが崩れてしまうと、いろいろと変調をきたしたりします。更年期障害もその一種です。

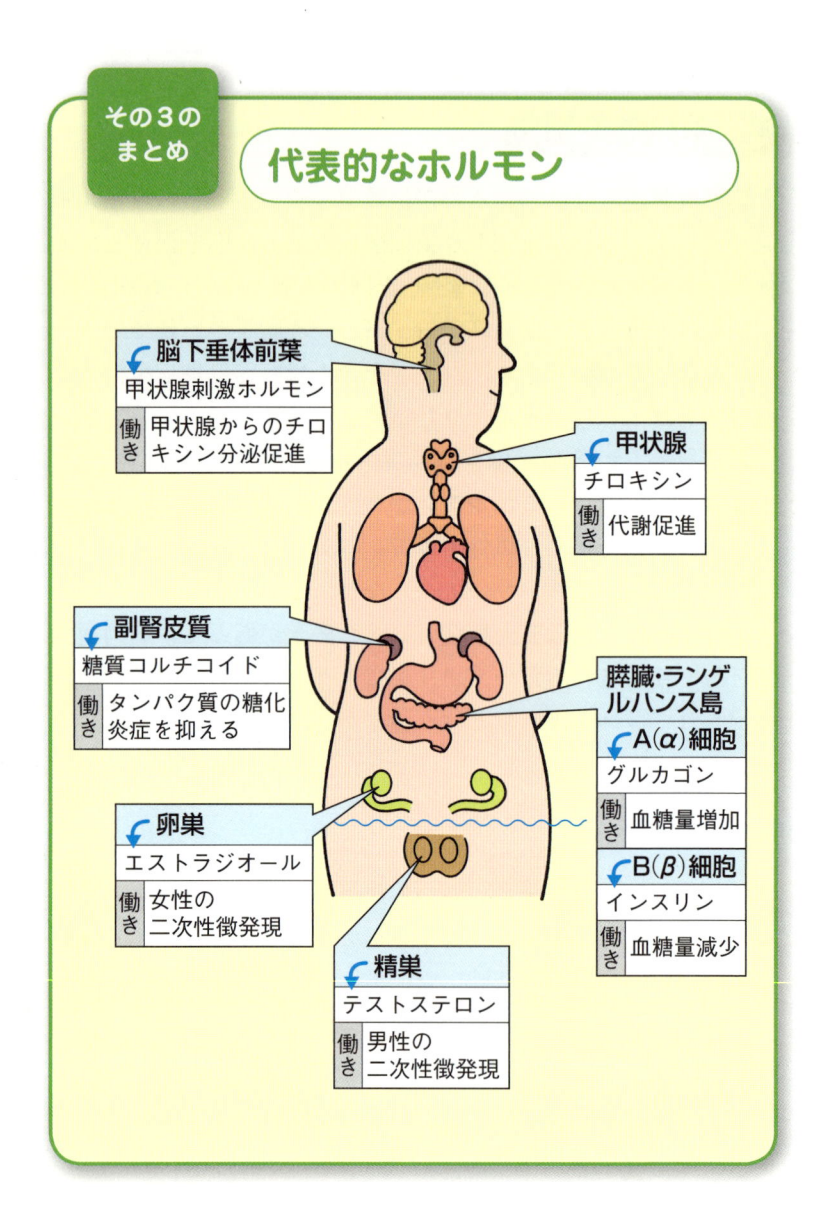

## その3のまとめ 代表的なホルモン

### 脳下垂体前葉
- 甲状腺刺激ホルモン
- 働き：甲状腺からのチロキシン分泌促進

### 甲状腺
- チロキシン
- 働き：代謝促進

### 副腎皮質
- 糖質コルチコイド
- 働き：タンパク質の糖化　炎症を抑える

### 膵臓・ランゲルハンス島

#### A(α)細胞
- グルカゴン
- 働き：血糖量増加

#### B(β)細胞
- インスリン
- 働き：血糖量減少

### 卵巣
- エストラジオール
- 働き：女性の二次性徴発現

### 精巣
- テストステロン
- 働き：男性の二次性徴発現

# 第7章

# 生物のスーパーコンピューター
―― 脳 ――

- その1 ニューロンって何？
- その2 どんな神経があるの？
- その3 脳の働きは？

## その1 ニューロンの動き

### 神経の最小単位

神経もやはり細胞からできています。

神経を構成する最小単位の神経細胞を**ニューロン**といい、一般に下の図のような形をしています。

核を含む**細胞体**の部分、それから木の枝のようにたくさん枝分かれしている**樹状突起**、そして1本の長い**軸索**からなっています。

さらに軸索には**髄鞘**という付属品がありますが、この髄鞘をもたない神経もあります。

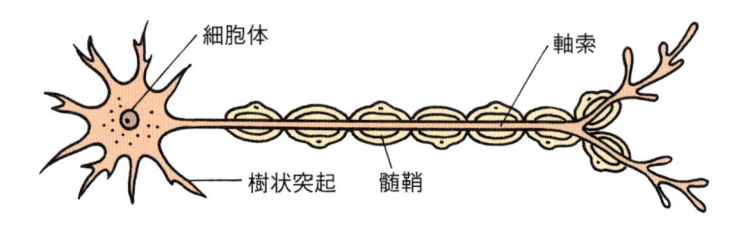

上にあげた図は、あくまでも一般的なニューロンの構造ですから、実際には、さまざまな形をしたニューロンが存在しています。

そのような**さまざまなニューロンが集まって神経系が構成されています。脳には数百億個のニューロンが集まっている**といわれます。

（僕もニューロンだよ）

（いろいろな形があるよ）

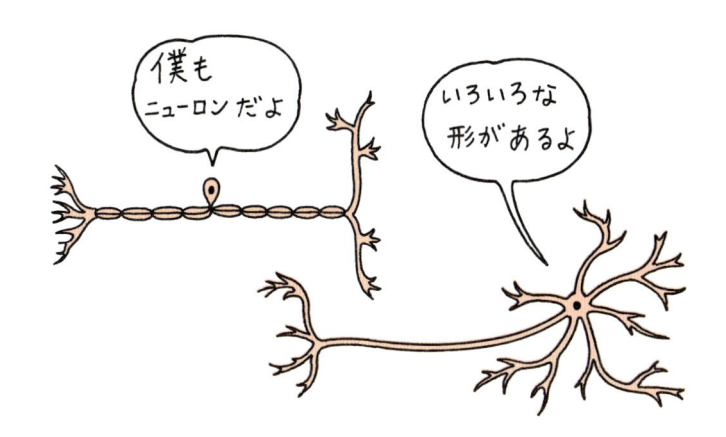

### 刺激の伝わり方❶

　針で指を刺すと、「痛い！」と感じますが、その刺激はどのようにして伝わっていくのでしょう。

　ふだん、神経細胞の膜の外側は電気的に ＋（正）、細胞の内側は －（負）というように電位差があり、これを**静止電位**といいます。そこへ刺激が与えられると、その部分の電位が逆転し、内側が ＋（正）、外側が －（負）になります。

　このように電位が逆転した状態を**興奮**といいます。

　神経細胞の一部が興奮すると、その隣接部との間に電位差が生じるので、電気が流れることになり、これが隣接部を刺激していきます。

　すると、その刺激された隣接部が興奮し、さらにその隣接部との間に電気が流れ……というようにして興奮した場所が移動していきます。

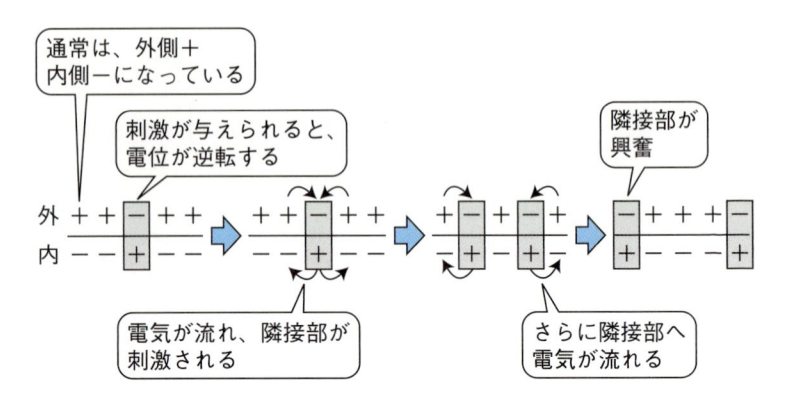

```
通常は、外側＋
内側－になっている          刺激が与えられると、        隣接部が
                           電位が逆転する             興奮
外 ＋＋｜－｜＋＋    ＋＋｜－｜＋＋    ｜－｜＋｜－｜＋    ｜－｜＋＋＋｜－｜
内 －－｜＋｜－－    －－｜＋｜－－    ｜＋｜－｜＋｜－    ｜＋｜－－－｜＋｜

               電気が流れ、隣接部が           さらに隣接部へ
               刺激される                    電気が流れる
```

　このように刺激はまず、電気的な信号となりニューロン内を伝わっていきます。この興奮の伝わり方を伝導といいます。

　この微弱な電流を測定したものが、脳波です。

　これにより、脳の神経細胞が働く様子を調べることができるのです。

### 刺激の伝わり方❷

　神経系はたった１本のニューロンでできているわけではありません。

　すなわちニューロンは次の他のニューロンとつながっているわけですが、そのニューロンとニューロンのつなぎ目を**シナプス**といいます。

　シナプスの部分を拡大してみると、軸索の末端部には小さな袋（**シナプス小胞**といいます）があり、ここに化学物質が蓄えられています。

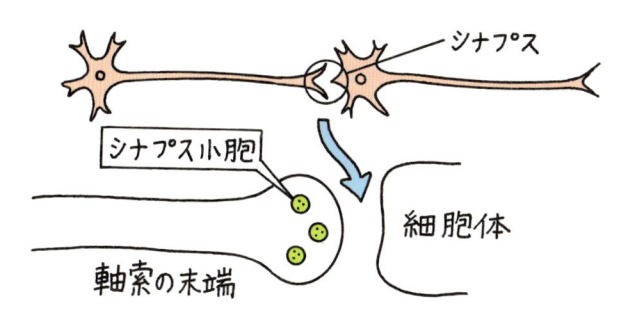

**シナプス**
**シナプス小胞**
**軸索の末端**
**細胞体**

　軸索の末端まで興奮が電気的に伝わってくると、最終的にこのシナプス小胞が刺激され、シナプス小胞から、中に蓄えてあった化学物質が放出されます。

　すると、この化学物質が次のニューロンの細胞膜にある受容体と結合し、これがまた刺激となって、興奮を引き起こしていくのです。

　その結果、またニューロン内を興奮が伝導していきます。

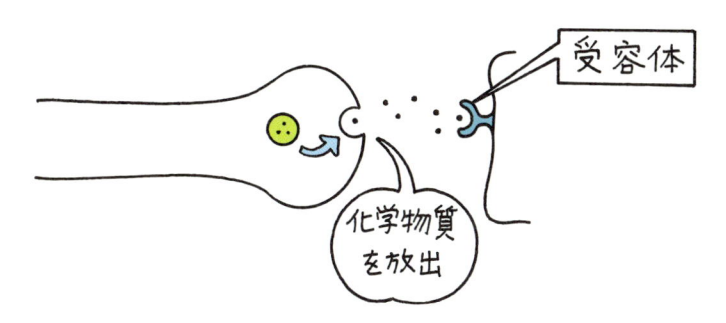

**受容体**
**化学物質を放出**

　このように シナプスの部分で、化学物質によって興奮が伝えることを先ほどの伝導に対して 伝達 といい、シナプス小胞から放出される化学物質を **神経伝達物質** といいます。

どのような神経伝達物質を放出するかは、神経の種類によって決まっています。

　たとえば、運動神経であれば**アセチルコリン**という物質、交感神経であれば**ノルアドレナリン**という物質というようにです。

　これ以外にもドーパミン、セロトニン、エンドルフィン、エンケファリン、グルタミン酸、γ－アミノ酪酸（ギャバ）などがあります。これらは、神経伝達物質として働くだけでなく、一種のホルモンのようにいろいろな調節作用ももちます。

　モルヒネは、痛みを抑える物質ですが、エンドルフィンやエンケファリンは、そのモルヒネと同じような働きをするのです。ですからエンドルフィンやエンケファリンは脳内麻薬物質と呼ばれます。

### 神経系の脇役

　神経系には実際に刺激を伝えるニューロン以外に、**グリア細胞**と呼ばれる脇役も存在します。

　軸索の付属品である髄鞘もグリア細胞の一種からつくられます。それ以外にも血管とニューロンの間にあって、ニューロンに栄養分を供給するグリア細胞や、異物や神経細胞の死骸を処理するグリア細胞などもあります。

　グリア細胞は、脳の細胞にとって有害な物質が脳内に入らないよう、関所（せきしょ）のような働きもしてくれます。

　ただこの関所を簡単に通ってしまうのがアルコールなのです。ですから、お酒を飲みすぎて酔っ払い、どうやって家に帰った

かわからないとか、理性の抑制がなくなり、とんでもない醜態をさらしてしまうということが起こるのです。

　もちろん判断能力や運動能力などにも影響を及ぼします。飲酒運転が危険きわまりない行為であるのは、いうまでもありません。

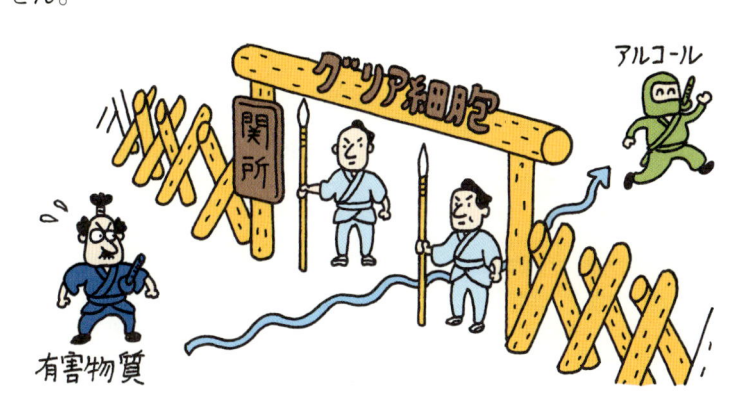

### 脳は大食漢

　**脳の神経細胞は、栄養分として１日に120ｇのブドウ糖を必要とします。**

　もちろんブドウ糖は呼吸の材料として使われ、エネルギーの供給源として利用されます。

　筋肉もたくさんエネルギーを必要としますが、**筋肉全体の25分の１の重さしかない脳が、筋肉全体で使われるエネルギーとほぼ同じ量のエネルギーを消費している**のです。

　それだけ脳の活動は活発だということですね。

空腹時に頭が働かないのは当然です。頭をたくさん使って疲れたときはアメなどをなめて、脳にブドウ糖を供給してあげましょう。

## その1のまとめ ニューロンの働き

**❶ニューロン**
　神経系を構成する最小単位の神経細胞。ニューロンは、細胞体、樹状突起、軸索からなる。

**❷伝　導**
　ニューロン内では、電気的な信号によって興奮が伝えられる。このような興奮の伝わり方を伝導という。

**❸伝　達**
　ニューロンとニューロンの接続部をシナプスという。
　シナプスでは、神経伝達物質によって興奮が伝えられる。このような興奮の伝わり方を伝達という。

**❹グリア細胞**
　神経細胞に栄養分を供給したり、異物を処理したり、脳に有害物質が入らないように関所となる働きをする神経系の名脇役。ただし、アルコールはこの関所を通ってしまうので要注意！

**❺脳とエネルギー**
　脳はブドウ糖をたくさん必要とする。身体全体の筋肉が消費する量とほぼ同じ。

## その2 どんな神経があるの？

### 中枢神経と末梢神経

神経系は大きく2つに分けることができます。

いろいろな情報をもとに判断を下すのが**中枢神経**で、さらに**脳**と**脊髄**に分けられます。

一方、受容した情報を中枢に伝えたり、中枢からの情報を筋肉や分泌腺などに伝えるのが**末梢神経**です。

末梢神経はさらに**体性神経**と**自律神経**とに分けられます。

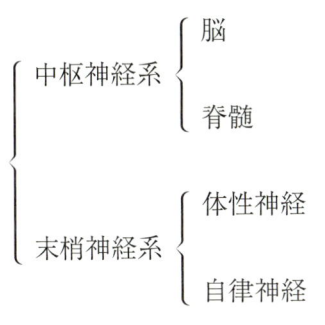

```
        ┌ 中枢神経系 ┌ 脳
        │            │
        │            └ 脊髄
        ┤
        │            ┌ 体性神経
        │ 末梢神経系 │
        └            └ 自律神経
```

### 体性神経

体性神経はさらに2つに大別されます。

ひとつは、感覚器（目や耳など）からの情報を中枢に伝える**感覚神経**、もうひとつは中枢からの情報を筋肉に伝える**運動神経**です。ふつうは感覚神経によって伝えられた情報が大脳など

で処理され、ここで「痛い」と感じたり「熱い」と感じたりし、さらに中枢で下された命令を運動神経が筋肉に伝え、身体が動くわけですが、中には、**大脳を経由しないで行なわれる運動があります。それが**反射**です。**

　反射にもいろいろな反射があります。生まれたばかりの赤ちゃんが倒れそうになったときに物をつかもうとする反射、目の前に虫が飛んできて思わず目をつむる反射、熱いものに触れてとっさに手を引っ込める反射などです。

### 膝蓋腱反射

　ここでは膝蓋腱反射のしくみを見てみましょう。
　ひざの下をたたくと足が跳ね上がるという反射で、脚気の診断に利用されたりする身近な反射です（脚気になると、この反射が起こらなくなります）。
　まず、膝蓋腱反射に登場する役者を見てみましょう。
　この場合の主役となるのは脊髄です。
　この脊髄に興奮を伝えるのが感覚神経、足を跳ね上げる筋肉に興奮を伝えるのが運動神経です。

また、筋肉の中には**筋紡錘**（きんぼうすい）という感覚器があります。これは、筋肉が伸ばされたことをキャッチする感覚器です。
　では、役者がそろったので、膝蓋腱反射物語の始まりです。
　まず、ひざの下をたたくと、太ももの筋肉から伸びている腱（これを膝蓋腱といいます）が押されます。その結果、太ももの筋肉が伸ばされます。
　筋肉が伸びると、筋紡錘が興奮し、この興奮が感覚神経を通って脊髄に伝えられます。
　ここで感覚神経は、運動神経に興奮を直接伝えます。運動神経は太ももの筋肉に興奮を伝え、筋肉を収縮させ、足が跳ね上がるというわけです。

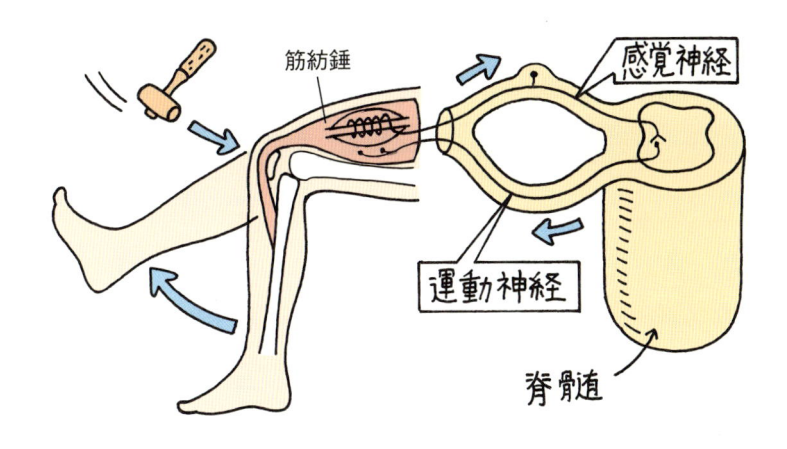

## 感覚が生じるまで

　熱いものに触れたとたんにパッと手が引っ込む反射も同じような経路で行なわれます。

　手が引っ込むのは大脳とは関係なく起こる反応ですが、「熱い！」という感覚は大脳で生じます。

　では私たちが熱いものに触れて、「熱い！」と感じるまでの経路を見てみましょう。

　熱いものに触れると、感覚神経を使って興奮が脊髄まで伝わります。ここまでは反射の場合と同じです

　この興奮は運動神経に伝えられ、手が引っ込む反射も起こりますが、興奮は脊髄の中を通る神経によって上方にも伝えられます。

　脊髄の上には**延髄**（えんずい）という中枢があるのですが、ここまで上がってきた神経の一部は、この延髄という部分で、左右が逆転します。

　すなわち、右側から上がってきた神経は左側へ、左側から上がってきた神経は右側へと、神経が交差します。

　興奮は延髄を通りすぎ、**間脳**（かんのう）を通り（延髄や間脳の話は次の「その３」でします）、最終的に大脳の皮質にある**感覚野**（かんかくや）（これも次のその３で……）という部分まで伝えられ、ここで「熱い！」という感覚が生じるのです。

　このように延髄で神経の一部は左右が逆転するので、大脳の右側に損傷があると、右側ではなく左側の手や足が動かなくなったりするわけです。

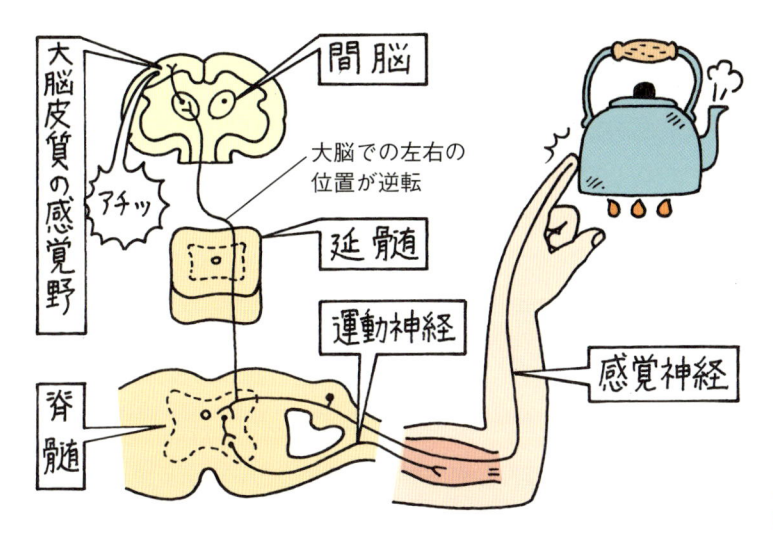

図中ラベル: 大脳皮質の感覚野／間脳／大脳での左右の位置が逆転／アチッ／延髄／運動神経／感覚神経／脊髄

### 自律神経

次は**自律神経**を見てみましょう。

**自律神経は、意思とは無関係に働く神経で、内臓や分泌腺に情報を伝える神経**です。

自律神経はさらに**交感神経**と**副交感神経**の2つに分けることができます。

交感神経と副交感神経は一般に正反対の働きをもちます。

たとえば、心臓に対して交感神経が働くと心臓の拍動(はくどう)が促進されますが、副交感神経が働くと心臓の拍動が抑制されます。

常に交感神経が促進に働くわけではなく、消化管の運動や消化液の分泌には交感神経が抑制、副交感神経が促進に働きます。

また、瞳孔(ひとみ)に対しては交感神経は瞳孔拡大に、副

交感神経は瞳孔縮小に働きます。

なんだか統一性がないように思われるかもしれませんが、一般に交感神経は闘争的な状態をつくる神経といわれます。

確かに、けんかをするような緊張状態になると、心臓はドキドキし、胃腸の運動は抑制され（胃がキリキリと痛み）、消化液の分泌は抑制され（唾液の分泌も抑制されるのでのどがカラカラに渇き）、ひとみがカッと見開かれます。これ以外にも交感神経は毛細血管を収縮させて血圧を上昇させたり、立毛筋を収縮させ毛を逆立てる働きもあります。

ネコが怒ってフ〜ッ！と毛を逆立てたり、驚いて身の毛がよだつ状態をつくるのも交感神経の働きというわけです。

逆に、のんびりとリラックスしてディナーを楽しんでいる状態をつくるのが副交感神経の働きです。

イライラして怒っているときは、交感神経が働いて消化管の運動が抑制されているので、カッカしながらごはんを食べるのは、消化に悪いのです。

## その2のまとめ　神経系のしくみ

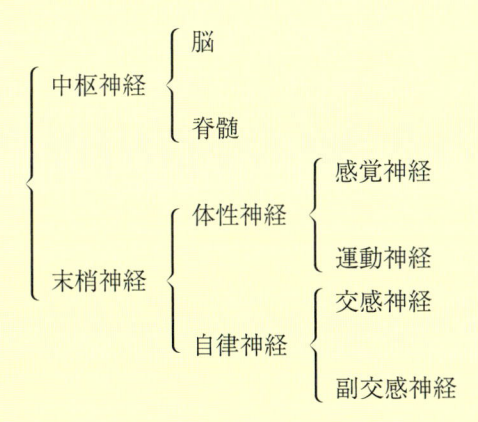

### ❶ 神経系の構成

- 中枢神経
  - 脳
  - 脊髄
- 末梢神経
  - 体性神経
    - 感覚神経
    - 運動神経
  - 自律神経
    - 交感神経
    - 副交感神経

### ❷ 膝蓋腱反射の経路

筋紡錘 ➡ 感覚神経 ➡ 運動神経 ➡ 筋肉

### ❸ 自律神経の働きの違い

|  | 心臓の拍動 | 消化管の運動 | 瞳孔 |
|---|---|---|---|
| 交感神経 | 促進 | 抑制 | 拡大 |
| 副交感神経 | 抑制 | 促進 | 縮小 |

## その3 脳の働きは？

### 脳の種類

脳には、大きく**大脳**、**間脳**、**中脳**、**小脳**、**延髄**の5種類があります。それぞれがいろいろな働きを分担し、またお互いが協同して、統一の取れたさまざまな反応を行ないます。

間脳と中脳と延髄は、生命維持に欠くことのできない働きを担っているので、これらをまとめて**脳幹**といいます。

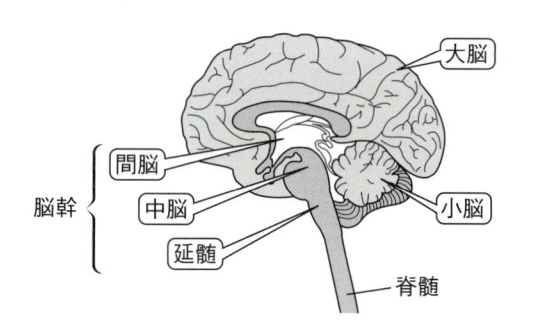

- 大脳
- 脳幹 { 間脳 / 中脳 / 延髄 }
- 小脳
- 脊髄

### 大脳新皮質

大脳は**皮質**と**髄質**からなります。さまざまな中枢として働くのは皮質のほうで、髄質は神経の通り道になっているだけです。

皮質はしわ（正確には**脳溝**といいます）だらけですが、このしわを伸ばして広げると、新聞紙1面分にもなるといいます。

しわを広げると　生物新聞

大脳の皮質はさらに**新皮質**と**大脳辺縁系**に分けられます。
まず新皮質から見ていきましょう。

新皮質は下図のように、**前頭葉**、**頭頂葉**、**側頭葉**、**後頭葉**という4つの領域に分けられます。

それぞれの領域に、感覚を感じる**感覚野**、運動を起こさせる**運動野**、情報をまとめる**連合野**という部分が存在します。

たとえば、後頭葉には視覚に関する感覚野（視覚野）が、頭頂葉には皮膚感覚に関する感覚野（体性感覚野）が、側頭葉には聴覚に関する感覚野（聴覚野）があります。

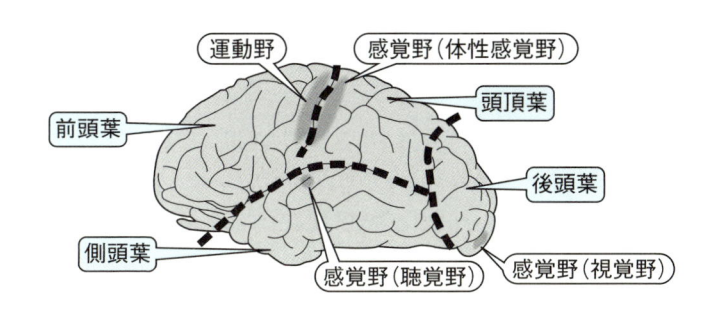

これらが協調し合って、いろいろな反応を示すことができるわけですが、たとえば、鉛筆を見て、これを持とうとする行動が起こるまでのしくみを見てみましょう。

　まず、目からの視覚情報が後頭葉の視覚野に伝えられます。次にこの情報が側頭葉にある連合野に伝えられ、ここで「これは鉛筆だ」と認識されます。

　さらに、頭頂葉にある連合野で鉛筆までの距離や方向が判断され、前頭葉の連合野で、「よし！　あの鉛筆を持とう」という判断が下されることになります。次に前頭葉の運動野に情報が送られ、運動野から腕の筋肉に対して「動いて鉛筆を持て」という情報が送られていきます。このとき、その筋肉の動きが正確か、力の入れ加減が適切かどうかは小脳がコントロールしてくれます。

　このように、**単純な行動であっても、脳のさまざまな部分が働き合ってようやく行なうことができるのです。**

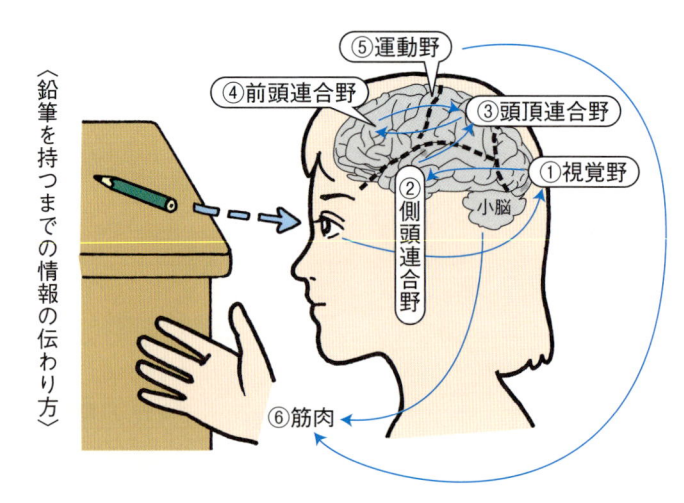

〈鉛筆を持つまでの情報の伝わり方〉

⑤運動野
④前頭連合野
③頭頂連合野
①視覚野
②側頭連合野
小脳
⑥筋肉

### 大脳辺縁系

大脳辺縁系は、**帯状回**、**脳弓**、**中隔核**、**扁桃核**、**海馬**といった部分からなります。

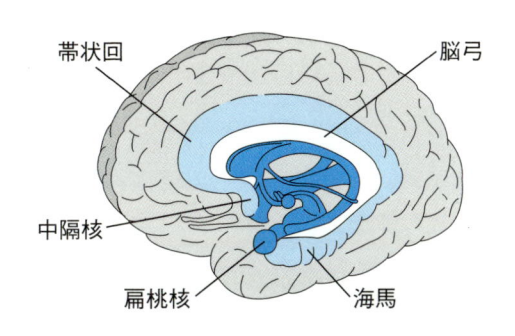

（図：帯状回、脳弓、中隔核、扁桃核、海馬）

**これらは原始の脳といわれ、本能的な行動を起こしたり、快感・不快感の感情を生み出すといった現象に関係します。**

また、海馬という部分は記憶に関係するといわれます。

記憶は、時間によって3種類に分けることができます。

時間が一番短いのが**短期記憶**というもので、たとえば、初めての人に電話をかけるときメモを見て「06×××……」と覚え、ダイヤルし終わると、もう忘れているような非常に短時間の記憶です。

次が**近時記憶**で、「昨日の夕食は天ぷらだった」といった最近の出来事の記憶です。

最も長いのが**遠隔記憶**で、「去年家族で旅行に行ったね」といった過去の記憶です。

このうち、海馬は主に近時記憶に働くといわれます。

実際、海馬に損傷を受けると、何年も前の記憶は確かでも、昨日の出来事を覚えていないということがあるそうです。記憶のメカニズムはまだ完全に解明されてはいませんが、まずいったん海馬にプールされ、その中から必要な記憶は、さらに大脳新皮質の**側頭葉**にある**記憶中枢**にプールされるようです。

一方、スポーツなどのように体で覚える記憶は、大脳だけではなく、小脳が関係しています。

### 脳　幹

脳幹には、間脳、中脳、延髄がありました。

間脳はさらに**視床**と**視床下部**に分けられます。

視床は、いろいろな神経の中継点となっている場所で、いろいろな情報を振り分ける役割をします。

視床下部は**自律神経**の最高中枢で、交感神経や副交感神経を調節し、体温や血糖量を一定に保つ働きがあります。

こうした自律神経のバランスがうまくいかなくなるのが、自律神経失調症です。

ごはんを食べて、血液中のブドウ糖の量が多くなると、血糖量を下げるホルモン（**インスリン**）を分泌するよう司令を出したり、また、満腹感を生じて「もう食べるのをやめろ！」という命令を出すのもこの間脳視床下部です。逆に空腹になって、「食べろ」という命令を出すのも間脳視床下部です。

ネズミなどを使って、この**満腹中枢**を破壊すると、お腹はいっぱいのはずなのにいつまでも食べ続けてしまいます。

また、間脳のさらに下には内分泌腺の**脳下垂体**（のうかすいたい）がぶら下がっています。脳下垂体は、他の内分泌腺に刺激を与えるホルモン（刺激ホルモン）を分泌し他の内分泌腺の働きを調節する、いわば内分泌腺の親玉です。

　中脳は瞳孔（ひとみ）の調節や眼球運動、姿勢反射などの中枢となります。

　延髄は心臓の拍動や呼吸、消化液分泌など、生命維持に最低限必要な反応に関係します。

## 小　脳

　先ほども少し触れたように、大脳が下した運動の命令が、正しく行なえるようにコントロールしてくれるのが小脳です。

　また、同じ記憶でも大脳で行なっているような記憶（名前や数字の記憶）とは違い、いわゆる体で覚える記憶（泳げるとか自転車に乗れるとか）には小脳が関係しているといわれます。

小脳が関係

体で覚えた記憶は一般に忘れにくいのが特徴で、何十年ぶりに泳いでもちゃんと泳げるし、自転車にもうまく乗れます。
　いずれにしても**運動の調節に関係しているのが小脳**で、よく「あの人は運動神経がいい」などといいますが、それにはこの小脳の働きが大いに関係しているのですね。

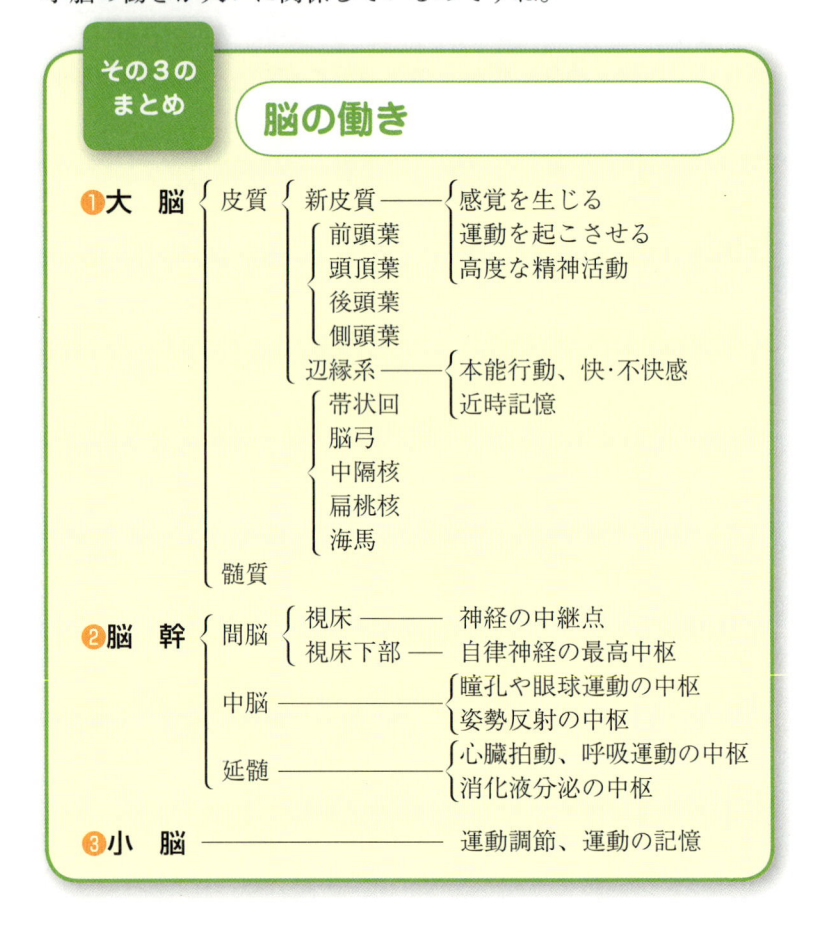

---

**その3のまとめ　脳の働き**

❶ **大　脳**
- 皮質
  - 新皮質 ── 感覚を生じる
    - 前頭葉 ── 運動を起こさせる
    - 頭頂葉 ── 高度な精神活動
    - 後頭葉
    - 側頭葉
  - 辺縁系 ── 本能行動、快・不快感
    - 帯状回 ── 近時記憶
    - 脳弓
    - 中隔核
    - 扁桃核
    - 海馬
- 髄質

❷ **脳　幹**
- 間脳
  - 視床 ── 神経の中継点
  - 視床下部 ── 自律神経の最高中枢
- 中脳 ── 瞳孔や眼球運動の中枢／姿勢反射の中枢
- 延髄 ── 心臓拍動、呼吸運動の中枢／消化液分泌の中枢

❸ **小　脳** ── 運動調節、運動の記憶

# 第8章

# 生物の超能力
―― 行　動 ――

| その1 | ミツバチの8の字ダンスって？ |
| その2 | 生物たちの助け合いとだまし合い |
| その3 | 植物も運動する？ |

## その1 ミツバチの8の字ダンスって？

### ミツバチ

　ミツバチは、第3章でも登場した昆虫です。女王バチ、働きバチ、雄バチという役割分担をもった昆虫で、雄バチは受精せずに（単為生殖で）生じるという昆虫です。思い出しましたか？

　蜜を集めてくるのは働きバチの役割ですが、1匹の働きバチが蜜を見つけて巣へ帰ってくると、他の働きバチに、その蜜のありかを教えてあげるのです。

　では、どうやって他の働きバチに蜜のありかを教えるのでしょう？　それは働きバチが踊るダンスに秘密があります。

### ミツバチの8の字ダンス

　ミツバチの巣は垂直になっていて、ミツバチは垂直な面で動くことしかできません。

　蜜を見つけて巣に帰った働きバチは、この垂直な巣の中で**8の字ダンス**というダンスを踊ります。文字どおり8の字の形に踊るので8の字ダンスというのですが、まず、尻を振りながらまっすぐ歩き、くるりと回って、またまっすぐ歩き、次にさっきとは逆の方向にくるりと回るというのを繰り返すのです。

　このとき、**まっすぐ歩く方向が蜜のある方向を指します。**

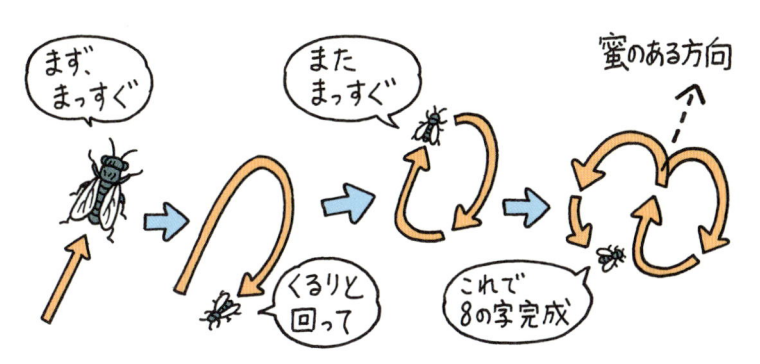

ただ、この方向が本当の蜜のある方向ではありません。ミツバチは太陽を基準に蜜のある方向を示します。

　たとえば、太陽を向いて右90度の方向に蜜があったとします。するとそこから帰った**働きバチは、垂直な巣の中で真上を太陽のある方向と仮定し**、真上から右に90度の方向にまっすぐ歩く8の字ダンスを踊ります。

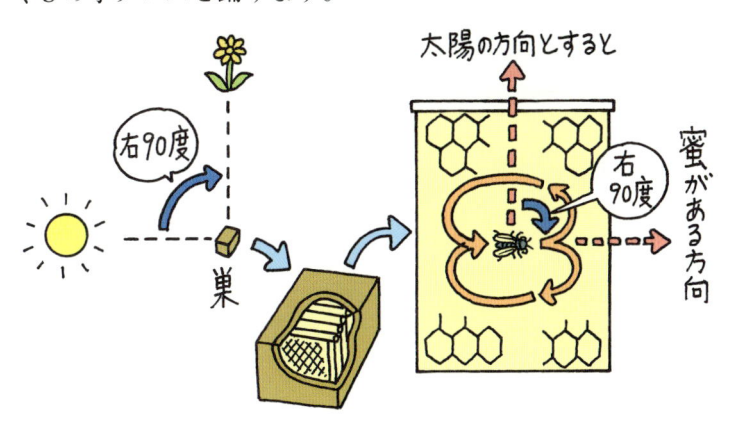

　これを見た他の働きバチはそのダンスの後ろを付いて歩き、

方向とともに匂いなども覚え、巣から出て、蜜のある方向に飛んでいくのです。

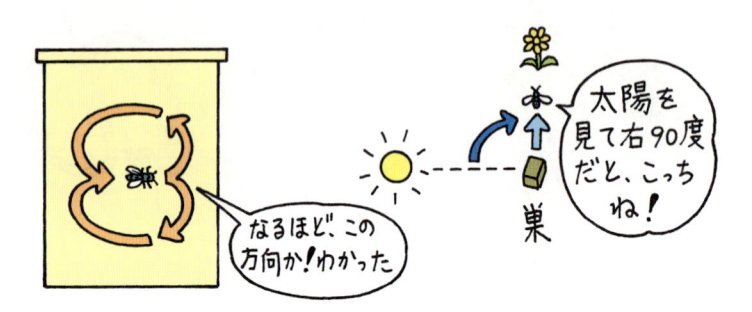

このように、太陽とのなす角度を、**巣の中で真上とのなす角度に置き換えてダンスを踊り、仲間の働きバチは、それをちゃんと解読して蜜のありかを探り当てるのです。**

ではミツバチに負けないように8の字ダンスクイズです！

## Quiz

**Q** ①、②のようなダンスを踊ったとき、蜜のある場所はア〜クのどこでしょう？

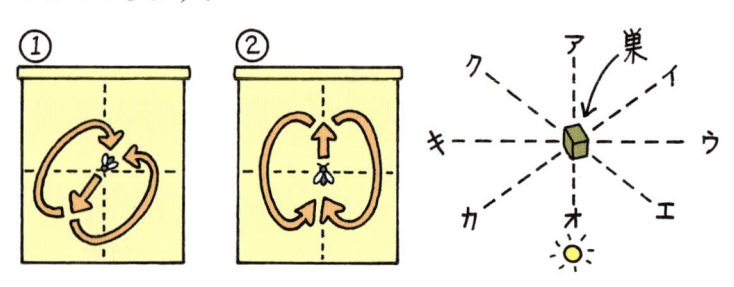

A ①は、真上から左に135度の方向を示しているので、太陽を見て左に135度の方向に蜜があることを教えています。

したがって、蜜のありかは、イとなります。

②は、真上の方向を示しているということは、太陽と同じ方向に蜜があることを教えています。よってオとなります。

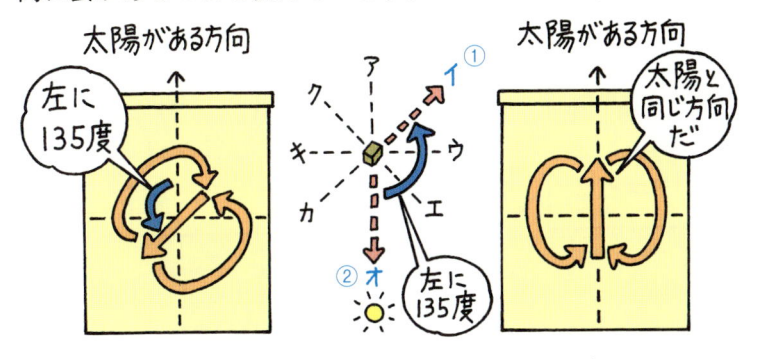

ミツバチに負けませんでしたか？

ミツバチはこの8の字ダンスによって、蜜のある方向を示すだけでなく、距離も示します。

蜜が遠くにあるときは、ダンスのスピードが遅くなります。近いときはダンスのスピードが速くなります。

もっともこれは正確な距離ではなく、遠いところの場合は単に疲れるからダンスのスピードが遅くなるようです。

また、非常に近くて方向を示さなくてもわかるときは、8の字ダンスではなく円ダンスを踊ります。

さらに、太陽が雲に隠れていて見えないときでも、ほんの一部の青空が見えれば、そこから太陽の位置を探り当てることができ、時間が経てば太陽の位置が変わってしまうことも計算に

入れて8の字ダンスを踊るそうです。

　なかなかヒトにはまねのできないすばらしい能力をもっているのですね。特に方向音痴のヒトにとっては「負けた！」って感じですか。

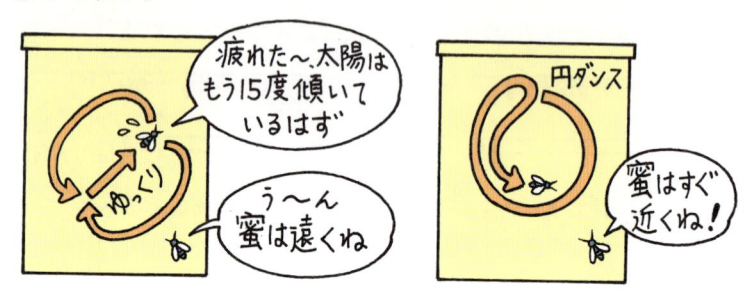

（疲れた〜、太陽はもう15度傾いているはず）
（ゆっくり）
（う〜ん　蜜は遠くね）

円ダンス
（蜜はすぐ近くね！）

### 信号刺激

　このように、仲間に何かの合図を送る方法にはいろいろな方法があります。
　イトヨ（トゲウオ）という魚の雄は、繁殖期になると巣をつくってそこを自分の縄張りとし、そこへ入ってこようとするライバルの雄を追っ払います。どうしてライバルの雄とわかるのかといえば、繁殖期になると雄のお腹が赤く色づく（これを婚姻色といいます）からです。ですからこの赤いお腹を見るとライバルの雄だと判断して追っ払う行動を取るのです。
　このとき、イトヨそっくりの模型をつくって近づけても見向きもしないのですが、板切れの下を赤く塗っておくと、その板切れに対して「出ていけ！」という行動を取ります。
　「赤いお腹」が追っ払う行動の引き金になるのです。

このように**特定の本能行動を引き出すきっかけになる刺激**を**信号刺激**（サイン刺激）といいます。
　我々ヒトの場合、何が本能行動なのかは判別しにくいですが、赤ちゃんを見て「かわいい！」という感情がわいてくる、いわゆる母性本能というものは本能的なものでしょう。
　そのときの信号刺激が何なのかを調べたところ、「丸いくりくりっとした目」「ぷっくりしたほっぺた」「ぺちゃっとした鼻」「丸いあご」などが母性本能をくすぐる信号刺激として働いていることがわかったそうです。
　実際、人間の赤ちゃんでなくても、イヌでもネコでも赤ちゃんのときは同じような特徴をもっていて、やはりそれに対して「かわいい！」という感情が生まれますよね。
　それらの特徴を強調してつくったのが、ぬいぐるみの人形や、アニメの主人公やキャラクター商品なのです。

### イトヨのジグザグダンス

　イトヨの話に戻しましょう。赤いお腹をした雄がやってくると追っ払う行動を取りますが、年ごろの雌が来た場合は違います。その雌の前で**ジグザグダンス**という求愛のダンスを踊って雌の気をひこうとします。このときの信号刺激は丸いお腹です。

　繁殖期の雌はお腹に卵を抱いているので、お腹が丸く膨らんでいます。この丸いお腹を見ると雄は興奮して、ジグザグダンスを踊り出すのです。

　やがて雌も雄の後ろを付いて一緒にジグザグダンスを踊り出します。これは雌の「いいわよ！」の合図です。

　すると雄は、雌を巣に導きます。

　雌が巣に入ると、雄は後ろに回り尾をつつき産卵を促します。

　産卵が終わると雌は巣から出ていき、雄がその上に精子をかけて受精させます。

　あとは雄がずっとこの受精卵を守っていくのです。

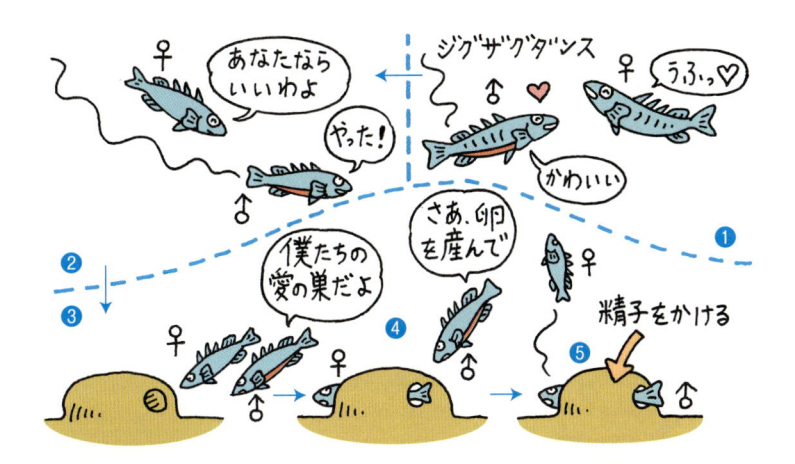

### フェロモン

仲間への合図の方法として化学物質を使う方法もあります。それが**フェロモン**です。ホルモンと発音は似ていますが、ホルモンは体内で働くのに対し、フェロモンは体外に分泌され、同種の他個体に働きかける物質です。

カイコガの雌が分泌するフェロモンの匂いをかぐと（昆虫の場合は触覚で匂いをキャッチ）、雄は興奮して雌の近くにやってきます。このようなフェロモンは**性フェロモン**といいます。

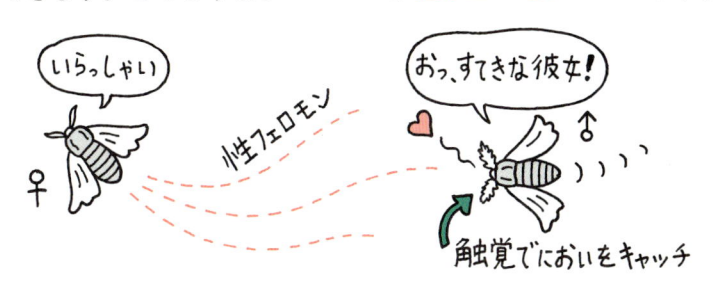

フェロモンには、これ以外にも何種類か知られています。

　よくアリが1列になって行列をつくっていますが、あれにもフェロモンが関係しています。食べ物を見つけたアリが巣への帰り道にフェロモンを地面に付けて帰ってきます。

　他のアリがそのフェロモンをたどっていくと食べ物にありつけ、それによってアリの行列ができるというわけです。このようなフェロモンは**道しるべフェロモン**といいます。

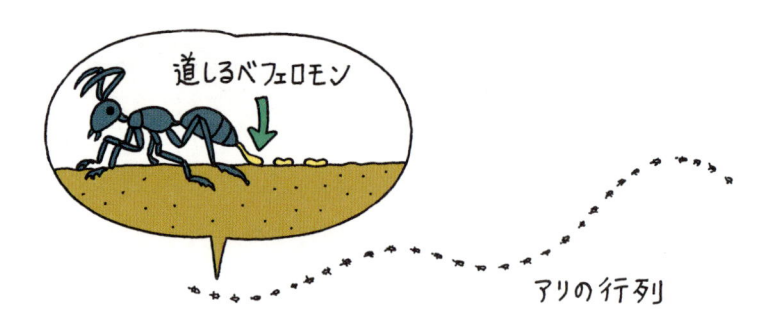

（図：道しるべフェロモン／アリの行列）

　他にも、ゴキブリが仲間を集める**集合フェロモン**や、ハチが仲間に危険を知らせる**警報フェロモン**、ミツバチの女王バチが他の雌バチである働きバチの卵巣の機能を低下させてしまう**階級維持フェロモン**（女王物質）などがあります。

　ヒトにもこのようなフェロモン、特に性フェロモンがあれば「モテモテ」になるということで、研究がなされていますが、まだよくわかっていないようです。

　ただ、女性が何人かで共同生活していると、月経周期が同調してくることが知られており、やはり何かしら匂い物質がヒトの場合にも関係していることは確かなようです。

## その1のまとめ 行動を決めるのは？

### ❶ミツバチの8の字ダンス

太陽と蜜のありかとのなす角度を、巣の中で真上とダンスの直線方向とのなす角度に置き換える。

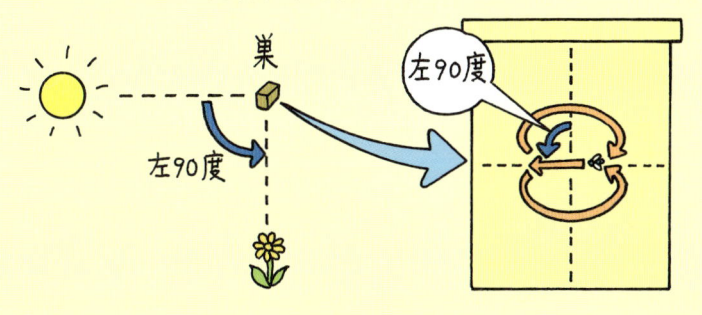

ダンスのスピードで距離もわかる。
非常に近いときは8の字ダンスではなく円ダンスを踊る。

### ❷信号刺激

本能行動を起こさせるきっかけになる刺激。

例 イトヨの闘争行動の信号刺激は赤いお腹
　　イトヨの求愛行動の信号刺激は丸いお腹

### ❸フェロモン

体外に分泌され、同種の他個体に働きかける物質。

例 カイコガの性フェロモン
　　アリの道しるべフェロモン
　　ゴキブリの集合フェロモン

# その2 生物たちの助け合いとだまし合い

## 生物どうしの関係

　生物どうしの関係というと、弱肉強食が思い出されますが、実際はそんな厳しい関係ばかりではありません。
　お互い助け合って生きている生物たちもたくさんいます。
　また、うまく相手を利用したり、だましたりという場合もあります。
　ここではそのようないろいろな生物たちの関係を見ていきましょう。

## 動物どうしの相利共生

　相手がいることで利益を得るような関係を**共生**といいます。
　**イソギンチャク**は、その触手によって魚などを捕まえて食べてしまう動物ですが、**クマノミ**という魚は、イソギンチャクの触手の間に身を隠すことができます。ですからクマノミが天敵などに追いかけられると、このイソギンチャクの触手の中に隠れ身を守ってもらえるので、利益があります。
　一方イソギンチャクは、クマノミに触手の間の食べかすなどを掃除してもらえるので利益があり、またクマノミが近くにいると、他の魚が油断してやってくるので、それを捕まえて食べることができるという利益もあるようです。

このように**両方に利益がある共生を特に相利共生**（そうりきょうせい）といいます。

　イソギンチャクは**ヤドカリ**とも相利共生の関係にあるといいます。ヤドカリの上にイソギンチャクが付着している場合、ヤドカリによってイソギンチャクは移動させてもらえるので利益があり、ヤドカリもイソギンチャクが付着していると、身を守ってもらえるので利益があるようです。

　ただし、これについては、イソギンチャクにはそれほど利益がないという説もあります。本当のところは、直接インタビューでもしてみないとわかりませんね。

　**アリ**と**アリマキ**（第3章で登場した、単為生殖で増える昆虫です）も相利共生します。アリマキはお尻から出る甘い汁をアリに提供し、アリは、アリマキの天敵である**ナナホシテントウムシ**からアリマキを守ってあげます。

　花を咲かせる植物と昆虫も相利共生の関係にあります。

　昆虫は花から蜜をもらい、植物は花粉を運んでもらうので、両方にちゃんと利益があります。

第8章 行動

イソギンチャクとクマノミ

イソギンチャクとヤドカリ

### 動物と微生物の相利共生

　動物と微生物の間にも相利共生はあります。
　ふつう動物は植物の固い繊維質（**セルロース**という物質でできています）を分解する酵素をもちません。ですから、我々も野菜の繊維質は消化できず、そのまま便として排出します。
　ところが、この固い繊維質を主食にしているのが**シロアリ**です。でもシロアリ自身にはセルロースを分解する酵素はありません。
　ではなぜ樹木を食べて栄養分として利用できるのかというと、腸の中にセルロースを分解する微生物がすみ着いていて、この微生物がセルロースを分解してくれるからなのです。そのおかげでシロアリは樹木を食べて生きていくことができて利益があるし、もちろん微生物はシロアリの腸にすんでいるだけで、楽をして餌をもらえるのですから利益があります。
　このような**腸内微生物**は我々ヒトにもいます。
　乳酸菌などがその代表例です。この乳酸菌などが腸内にいるから消化吸収も正常に行なわれるのです。これも相利共生です。

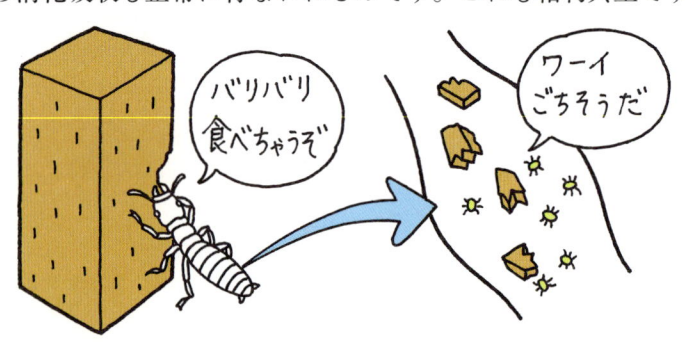

## 植物と微生物との相利共生

植物と微生物にも相利共生があります。

**マメ科**植物の根には、**根粒細菌**という細菌が共生しています。

この根粒細菌は空気中の窒素を窒素化合物に変える働きがあります（このような働きを**窒素固定**といいます）。

こうして生じた窒素化合物の一部をマメ科植物は根粒細菌からもらいます。このおかげで、マメ科植物は窒素肥料の乏しいやせた土地でも生育できるのです。一方、マメ科植物は光合成を行なって生じた炭水化物の一部を根粒細菌にあげます。

じつにすばらしい助け合いの関係ですね。

最近は見かける機会が減ったようですが、春先には田んぼ一面の**レンゲソウ**が植えられていたりしました。レンゲソウもマメ科植物なので、田植えの前にレンゲ畑をつくっておくと、根粒細菌のおかげで窒素化合物がつくられ、窒素肥料を人工的に撒かなくても、窒素たっぷりの土壌ができるのです。これは、相利共生の上をいく、人間の利益横取り作戦かもしれません。

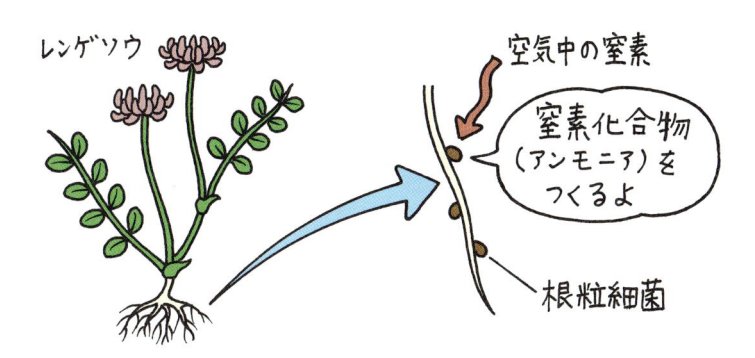

### 片利共生

　同じ共生にも利益があるのは片方だけで、もう一方には利益も害もないという関係があります。

　たとえば**サメ**と**コバンザメ**（コバンイタダキともいいます）の関係です。コバンザメはコバン形の吸盤をもち、これでサメの体にくっついて生活します。名前はコバンザメと、サメの仲間のような名前が付いていますが、サメの仲間ではありません。

　このようにあの恐ろしいサメと一緒にいると、コバンザメを食べようなんて魚はうかつに近づけないので身が守られ、おこぼれもちょうだいできるという利益があります。でも**サメの方は、コバンザメが自分の体に引っ付いているからといって何も利益はありません。でも害もありません。利益は一方的にコバンザメだけにあります**。このような関係を**片利共生**といいます。

　なんだか似た関係は人間にもありそうですね。自分は強くないくせに、強い人の近くで威張っているような人が……。あれも片利共生でしょうか？

**カクレウオ**という細い魚がいますが、この魚が天敵に襲われると、**ナマコ**のお尻の穴からスポッと腸の中に入り込み、文字どおり隠れてしまいます。このようにナマコがいてくれると、カクレウオには利益があります。

　でもナマコのほうには利益があるとは思えませんね。お尻の穴からカクレウオが入ってきても、別にうれしいわけでもなく、かといって大きな害もありません（なんて鈍感なナマコ！）。これも片利共生の関係にあるといえます。

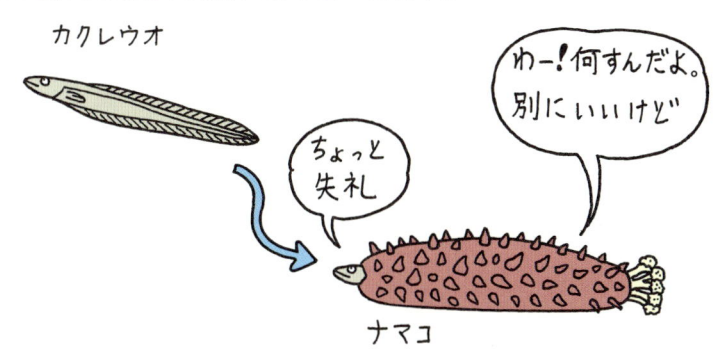

カクレウオ

ちょっと失礼

わー！何すんだよ。別にいいけど

ナマコ

### 擬　態

　このような微笑（ほほえ）ましい（？）関係もありますが、中には相手をうまくだまして生きている生物もいます。

　そのひとつが、枝にそっくりの形をしたナナフシや、枯れ葉そっくりの形をしたカレハチョウなど、**周囲の風景に似せた形をして天敵から身を守る擬態（ぎたい）**です。

　擬態はこのような背景に似せるものばかりではありません。
　スズメガの翅（はね）には大きな目玉のような模様がありますが、こ

れはフクロウなどの目に似せたもので、小鳥などが襲ってきたときに翅を広げてこの模様を見せて小鳥をびっくりさせるのです。

　同じ目玉模様でも、自分の目玉に似せた模様を体の後ろのほうに付け、傷つくと致命傷になる頭がどちらにあるかをわからなくしているものもいます。

　また、ハチはふつう、黄色と黒色のまだら模様をしていて互いに似ていますが、これは**ある種のハチに刺されて痛い思いをした動物が、同じ模様をした別のハチに近づこうとしなくなるからで、研究した人の名前をとって**ミュラー擬態**といいます。**

また、食べるととてもまずいチョウと同じような模様をした、じつはおいしいチョウがいたりします。これは**有害な動物や危険な動物に似せることで身を守ろうとしているわけで、これも研究した人の名前から**ベイツ擬態**と呼んでいます。**
　でもこれも人間でもありそうですね。本当は弱いけど強い人のまねをしているベイツ擬態の人が……。

### 掃除夫と詐欺師

　他の動物の体を掃除してあげる生物がいます。
　たとえば、**エジプトチドリ**という小さな鳥はワニの歯の間の肉片や寄生虫を食べてあげます。といってもエジプトチドリにとっては手軽に手に入る餌がそこにあるからかもしれませんが。
　ワニにとっては、体を掃除してもらえるという利益の他にも、危険があれば鳥たちはすぐに気づいて飛び立つので、ワニも危険を察知することができるという利益もあるようです。
　これも相利共生の例ですね。
　**ホンソメワケベラ**という小さな魚もそうです。この魚は大型

の、たとえば**クエ**という魚の表面に付着した寄生虫を食べて掃除してあげるというけなげな魚です。

もちろん寄生虫を餌にしているわけなので、ホンソメワケベラは利益がありますし、クエにしても、寄生虫を取ってくれるのですから大助かりです。

でも、クエのほうからすればホンソメワケベラ程度の小さい魚は本来なら餌として食べてしまうはずです。

ところがけっしてクエはホンソメワケベラを食べてしまうことはなく、ちゃんと寄生虫を掃除してくれることを知っているようで、「ここに寄生虫がいるから食え!?」といわんばかりに寄生虫のいる場所を差し出したりするそうです。では、どうやって普通の餌にしてしまう魚とホンソメワケベラを区別しているのでしょうか。

ホンソメワケベラは鮮やかな青いストライプの模様をした魚で、とても目立ちます。さらにクエに近づくときには独特の泳ぎ方をするそうです。おそらくはこの２つによって「僕は寄生虫を掃除するから食べないで」と合図を送っているのでしょう。

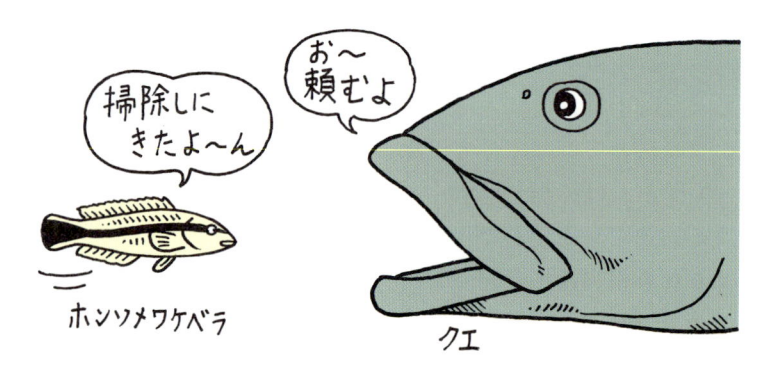

と、ここまではさっきも紹介した相利共生ですね。

ところが、このクエとホンソメワケベラの親密な関係を利用するものがいます。

それが**ニセクロスジギンポ**という魚です。

このニセクロスジギンポは、ホンソメワケベラと同じような模様をしていて、さらにクエに近づくときもホンソメワケベラの泳ぎをまねします。

それにすっかりだまされて安心しているクエに近づくと、このニセクロスジギンポはクエの体の一部を食いちぎって逃げていってしまうのです！

このような擬態もあるのです。ニセの警察手帳で相手を信用させて強盗するようなものでしょうか。

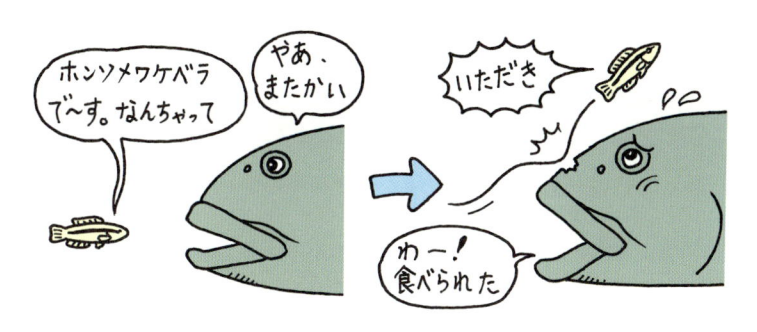

生物たちの社会にも、人間の社会に似た関係がたくさんあるものですね。

いいえ、きっと逆でしょう。

人間の社会もしょせん生物がつくった社会の一種なのだから、似ていて当然なのかしれません。

> その2の まとめ

## 共生と擬態

### ❶相利共生
両者ともに利益のある関係。

　例　イソギンチャクとクマノミ
　　　シロアリと腸内微生物
　　　マメ科植物と根粒細菌
　　　エジプトチドリとワニ
　　　ホンソメワケベラとクエ

### ❷片利共生
一方にのみ利益があり、他方には利益も害もない関係。

　例　サメとコバンイタダキ、ナマコとカクレウオ

### ❸擬　態
風景や他の生物に似せた形態や行動を取ること。

　例
　●ハチどうしが似た模様をしている（ミュラー擬態）
　●無毒なチョウが有毒のチョウに似せた模様をする（ベイツ擬態）
　●目玉模様で相手を驚かせたり、自分の頭部の位置をカモフラージュする
　●ニセクロスジギンポがホンソメワケベラに擬態する

## その3 植物も運動する?

### 植物の運動

動物が運動をするのは当たり前のような感じがしますが、植物だってちゃんと運動します。といっても植物に突然足が生えてスタコラと歩き出すというわけではありません。
**花が開いたり、茎が曲がったり、つるを巻き付けたりといった運動**です。

### 花の開閉運動

花の開閉にもいろいろな場合がありますが、たとえば**チューリップ**の花の開閉運動を見てみましょう。
この場合、**花が開くきっかけは温度上昇**です。
温度が上昇すると、花弁の内側のほうが外側よりも成長するようになります。すると、自然に花が開きます。
逆に、温度が低下すると、花弁の外側のほうがよく成長し、花が閉じるというわけです。
ですから、チューリップの花は、開閉運動を繰り返しながらちゃんと成長もしているのです。
やがて成長しきってしまうと、チューリップは開閉運動も行なえなくなってしまいます。だらしなく垂れているチューリップの花はそんな状態なのです。

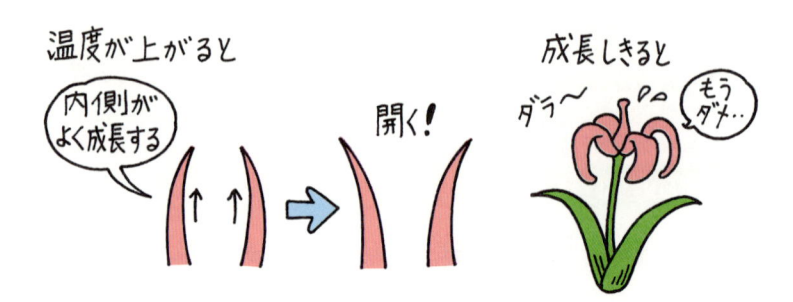

このように**刺激の情報の方向とは無関係に**（温度が右側から上昇しようが左側から上昇しようが花は開きます）**一定方向に起こる運動を傾性**といいます。この場合は特に温度が関係する傾性なので**傾熱性**（温度傾性）といいます。

### 茎の屈曲運動

植物が横に倒れていても、やがて茎はちゃんと上を向いて伸びている姿をよく見かけます。

横倒しになると、その下側の茎がよく成長するようになるので、自然に上を向いて曲がりながら伸びることになるのです。

ちなみに根は横倒しになると、上側がよく成長するようになり、自然に下を向いて曲がりながら伸びていきます。

この場合の**刺激は重力**ですが、先ほどの傾性とは違い、刺激の方向と密接な関係のある運動で、こちらは**屈性**といいます。重力が関係する屈性なので**屈地性**あるいは**重力屈性**といいます。茎が**光のほうに向かって伸びていくのも屈性**で、この場合は**屈光性**あるいは**光屈性**といいます。

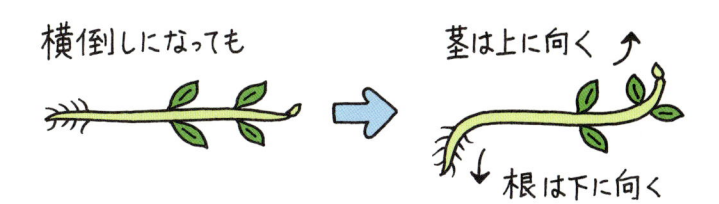

横倒しになっても　→　茎は上に向く↑　根は下に向く↓

### つるが巻き付くのは？

アサガオなどのつるが支柱にしっかり巻き付く様子もよく見かけます。目や耳がないのに、支柱をちゃんと探り当てて巻き付くのは不思議な感じがしませんか。

じつは、最初はつるが伸びてぶらぶらしているだけなんです。でも何かの拍子に支柱などにぶつかると、つるのぶつかっていない側がよく成長するようになります。

すると自然につるは支柱に巻き付きながら伸びていくことになるのです。

これも屈性の一種ですが、接触が刺激なので**屈触性**あるいは**接触屈性**といいます。

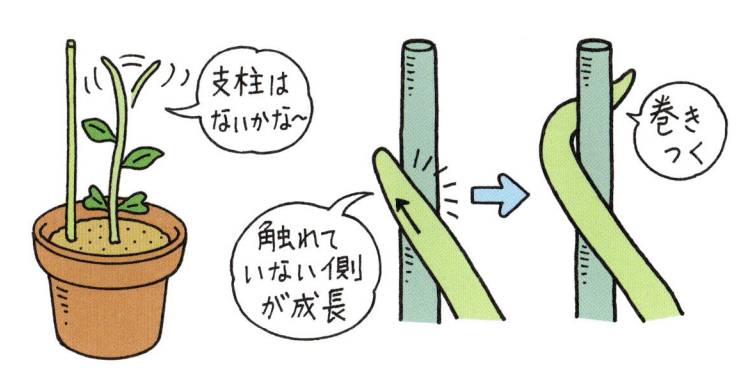

このように、いろいろな運動が、成長の度合いの違いによって単純な方法で行なわれるのです。こうした成長には**ホルモン**が関係しています。植物にもちゃんとホルモンがあるのです。

### オーキシン

**植物ホルモンの代表選手がオーキシンというホルモンです。成長を促進する働きのあるホルモンで**、先ほどの屈性などにも関係しています。茎が光のほうに向いて曲がりながら成長する屈光性（光屈性）では、光が当たると、陰のほうのオーキシン濃度が高くなり、陰のほうがよく成長するようになるのです。

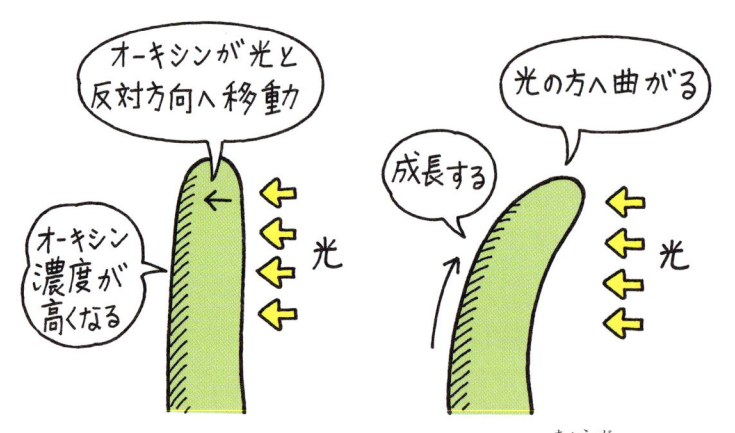

また、オーキシンには、一番上の先端の芽（**頂芽**）を優先的に伸ばすという性質があります（これを**頂芽優勢**といいます）。
逆に先端の芽がなくなると横の芽（**側芽**）が伸び出すのです。
庭木などでも横に広げたいときは、先端の芽を切除しますね。

これもオーキシンの性質を利用しているのです。

さらに、葉や果実が落下するのを防ぐという働きもあります。

### ジベレリン

**ジベレリンも成長を促進する働きのあるホルモンですが、これ以外にも果実を発達させる働き**もあります。これをうまく利用したのが**タネナシブドウ**です。

普通はめしべに花粉がくっついて（受粉）種子ができ、それが刺激となって果実が発達するので、種子のある果実ができます。

そこで種子ができないようにして、ジベレリンを与えるのです。すると、種子はできていないのに、ジベレリンの働きで果実が発達し、タネナシブドウができあがるのです。同じタネナシでもタネナシスイカは染色体異常を利用してつくるのでしたね（133ページ参照）。

ジベレリンには他に、種子の発芽を促す作用もあります。

### エチレン

**エチレン**も植物ホルモンの一種で、果実を成熟させる働きがあります。成熟した果実などから分泌されるので、成熟した果実が近くにあると、他の果実も早く熟してしまったりします。

たとえばミカンをたくさん買ってきて保存するとき、ひとつでも熟しているミカンがあると、そのミカンを別の場所に置いておかないと、他のミカンまですぐに熟して腐りやすくなってしまいます。

また、接触によって分泌され、成長を抑制する働きもあります。ですから、つねに手で触っていると、背が伸びず、茎の太い植物になってしまいます。

## その他の植物ホルモン

これ以外にも、**細胞分裂を促進したり葉の老化を防ぐサイトカイニン**や、**発芽を抑制したり落果落葉を促すアブシシン酸**などがあります。

## 光周性

昼間の長さ（夜の長さ）の変化によって起こる現象を**光周性**といいます。花が咲いたりするのも光周性によって起こる場合があります。

**昼間の時間が一定時間より短くなることで花を咲かせる**（厳密には花芽を形成する）**植物を短日植物**といいます。

最初は昼間の時間が短くなるのが原因と考えられたので、短日という名前をつけてしまったのですが、その後の研究で、じつは昼間の長さではなく夜の長さが一定時間より長くなったことが原因であることがわかりました。最初からそうわかっていれば長夜植物という名前にしたのでしょうが、今でも短日植物と呼びます。

**キク**などは典型的な短日植物です。

普通は秋にならないと花を咲かせないキクですが、人工的に早い時期から夜の時間を長くすれば、早く花を咲かせることができます。

また、秋になっても夜に電灯をつけておけば、花を咲かせる時期を遅らせることができます。

**アサガオ**も典型的な短日植物です。本葉が出たころに、夕方から黒い袋を被せて暗い時間を長くしてやると、普通よりもずっと早く花を咲かせることができます。

　簡単に実験できますので試してみてください。

### 長日植物

　こちらも、本当は夜の長さが一定時間よりも短くなることが原因なので、短夜植物と呼びたいところですが、**長日植物**と呼びます。**アブラナ**や**ダイコン**、**コムギ**などは長日植物です。

### 中性植物

　**昼間や夜の時間に関係なく花を咲かせる植物を中性植物**といいます。**セイヨウタンポポ**（ふつうに都会で見かけるタンポポ、**帰化植物**）は中性植物です。

日本古来のタンポポは長日植物で、春にしか咲かないのですが、セイヨウタンポポは、春でも秋でも咲いていたりしますね。それだけ子孫を残しやすくなります。

　これが、セイヨウタンポポが増えた原因のひとつでしょう。実際には、これ以外にもセイヨウタンポポのほうが乾燥した土地や栄養分の少ない土地でも生育できる、受精しなくても種子ができる（単為生殖が行なえる）など、日本古来のタンポポより特に都会での生育に適応しやすいことなどの原因があります。

　日本古来のタンポポかどうかはすぐに判別できます。皆さんの近くに咲いているタンポポがどちらか調べてみてはいかがでしょうか。

日本古来のタンポポ 　　　　セイヨウタンポポ（ここがめくれている）

　また最近は、セイヨウタンポポと日本古来のタンポポの雑種も生じて、その雑種タンポポも増えてきているそうです。

## その3のまとめ　植物の調節

**❶ 傾　性**
　刺激の方向と無関係に起こる運動
**❷ 屈　性**
　刺激の方向に対して一定方向に起こる運動
**❸ 植物ホルモン**
- **オーキシン**　　：成長促進、先端の芽を優先的に伸ばす。
　　　　　　　　　　落果、落葉を防ぐ。
- **ジベレリン**　　：成長促進、発芽を促す。
　　　　　　　　　　実をつける。タネナシブドウの形成に利用。
- **エチレン**　　　：果実の成熟を促す、成長抑制。
- **サイトカイニン**：細胞分裂促進、葉の老化抑制。
- **アブシシン酸**　：種子の発芽抑制、落果、落葉を促す。

**❹ 短日植物**
　一定時間以上の暗期で花芽形成する植物。
**❺ 長日植物**
　一定時間以下の暗期で花芽形成する植物。
**❻ 中性植物**
　明期や暗期に関係なく花芽形成する植物。

# 第9章

## 38億年の歴史
―― 進 化 ――

**その1** 昔はどんな生物がいたの？

**その2** 本当に進化したの？

**その3** 進化はどうやって起こるの？

## その1 昔はどんな生物がいたの？

### 最初の生物

地球は今から46億年前に誕生したといわれます。

もちろん最初は火の玉のような状態で、生物などいるはずもありません。

では、いつどこで、どのようにして最初の生物が誕生したのでしょうか？

残念ながらそれについてはまだまだわかっていないことだらけです。

少し前までは30億年前ぐらいに最初の生物が誕生したといわれていましたが、今では、40億年前には誕生していたと考えられているようです。

### コアセルベート説

最初の生命の誕生に関してもいろいろな説がありますが、古典的な説として**オパーリン**が提唱した**コアセルベート説**というのがあります。

**タンパク質などの小さい粒子のまわりに水分子を吸着し、外界と隔てた膜をもった液滴**（これを**コアセルベート**といいます）**が生じ、これがもとになって生命が誕生**したという説です。

実際、実験室でも比較的簡単にコアセルベートまではつくる

ことができます。このコアセルベートは周囲からいろいろな物質を取り込んで、大きくなったり、分裂したりという現象を起こします。

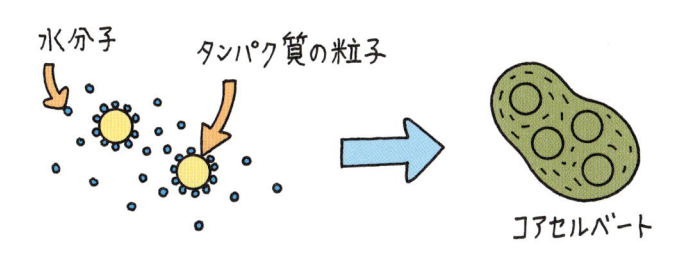

### ミラーの実験

オパーリンの説の前提となるのは、原始の海の中にタンパク質など、生物の材料となる有機物が豊富に存在していることです。このように、**生物が誕生するために必要なタンパク質などが自然の中で合成される過程**を**化学進化**といいます。それを実験的に証明しようとしたのが、**ミラー**です。

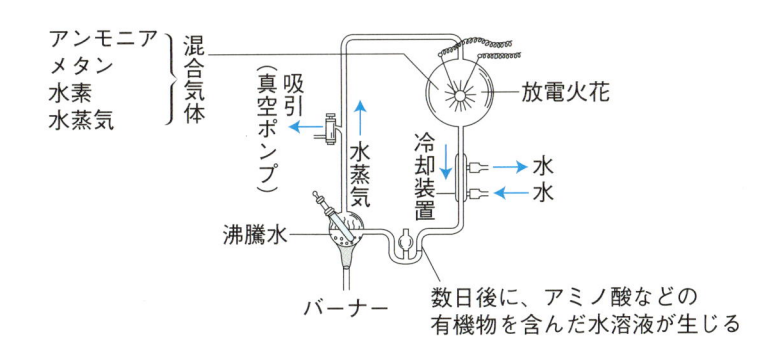

ミラーが原始大気の成分と考えていたアンモニア、メタン、水素、水蒸気をフラスコに入れ、雷(かみなり)の代わりに放電を行なったところタンパク質の材料であるアミノ酸が合成されたのです。ところが残念ながら、その当時考えられていた原始大気はどうやら誤りで、二酸化炭素や一酸化炭素、窒素を主体とした大気であったであろうということがわかってきました。

　そこで、気体の成分を変えて同様の実験をしたところ、生じるアミノ酸はたった2種類しかありませんでした。タンパク質には20種類のアミノ酸が必要なので、これでは生物の材料としては不十分です。

　では、生物の材料の物質はどこでどうやってつくられたのでしょう？

### 熱水噴出孔

　最近注目されているのが、深海の**熱水噴出孔**(ねっすいふんしゅつこう)です。

　1977年に南太平洋の深度2600mの海底で、350℃の熱水が噴き出している場所があり、この付近に特殊な生態系があることが発見されました。

　口も消化管ももたないハオリムシ、ヘモグロビンを含むシロウリガイなどがこの特殊な空間にひしめき合っていたのです。

　太陽光の届かない深海で、だれが有機物を合成する生産者なのか調べたところ、熱水に含まれる硫化水素を酸化し、そのエネルギーで炭酸同化を行なう硫黄細菌であることがわかりました。

第2章「その3」（70ページ）で登場した**化学合成**を行なう細菌です。

　このような熱水の噴出する深海で、化学進化が起こり、生命も誕生したのではないかというのです。

　これ以外にもさまざまな説が提唱されていますが、いまだに決着はついていません。

（口も消化管もない）
（体内に硫黄細菌が共生）
ハオリムシ

### 生命の歴史　超ダイジェスト版　― 先カンブリア時代 ―

　どこかで化学進化も起こり、生命も誕生したとしましょう。

　では40億年前に生命が誕生してから今日まで、どのような歴史があったのか、40億年をわずか数分でたどってみましょう！

　**33億年前には光合成を行なうラン藻が誕生していた**ようです。ラン藻は光合成を行ない、酸素を発生します。

　その結果、**酸素を利用する好気呼吸を行なう生物が誕生**します。

　**最初は核膜をもたない原核生物だったのが、20億年前になってようやく真核生物が誕生**します。

最初の生物が、地球の誕生からわずか6億年で誕生したのに比べると、原核生物から真核生物への進化のほうが時間がかかっているのも不思議な気がしますね。

　でもここから進化のスピードはグ～ンとアップします。

　6億年前に、最初の爆発的な進化が起こり、クラゲの祖先のような生物をはじめとするいろいろな生物が誕生したようです。これらの多くの化石はオーストラリア南部のエディアカラ丘陵から発見されたことから**エディアカラ動物群**と呼ばれています。

　この時代の生物は固い殻をもたなかったので、あまり化石としても残っていないようです。

　固い殻をもたなかったのは、この時代には捕食者(ほしょく)が存在しなかったからではないかともいわれています。藻類(そう)を共生させ、そこから栄養分をもらっていたのではないかというのです。

　食う・食われるという関係の存在しない、まさに楽園のような時代だったのかもしれません。

　でもその時代もやがて終わりを遂げます。**今から5億4000万年前にエディアカラ動物群もそのほとんどが絶滅します。ここまでの時代を先カンブリア時代**といいます。

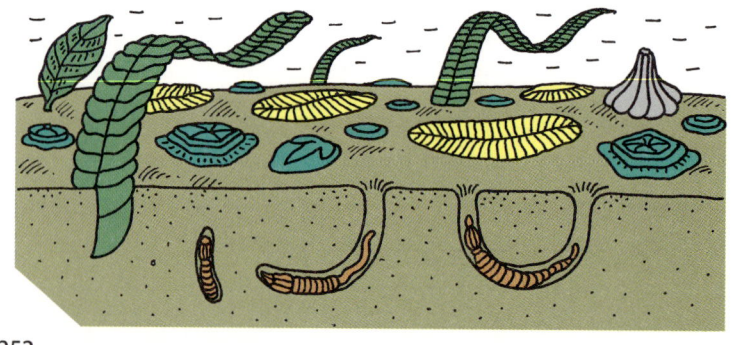

## 生命の歴史　超ダイジェスト版　― 古生代その1 ―

　5億4000万年前から2億4500万年前までを**古生代**といいます。

　この古生代はさらに細かく、カンブリア紀、オルドビス紀、シルル紀、デボン紀、石炭紀、二畳紀の6つに分かれます。

　まず、**カンブリア紀に2度目の爆発的な進化が起こり、現存するほとんどの生物の祖先が誕生します**。と同時に、現存するどの生物とも類縁関係のない奇妙な生物たちが誕生します。

　たとえば、**オパビニア**という生物は、5つの目と長い突起をもち、その先にはサラダをはさむフォークのようなものがついていて、今のどの生物の祖先でもありません。

　これ以外にも7対の脚をもつ**ハルキゲニア**、その当時の最強の捕食者と考えられる**アノマロカリス**、背中に剣のような刺（とげ）をもつ**ワイワクシア**などなど、不思議な形をした生物がこの時代に誕生したようです。

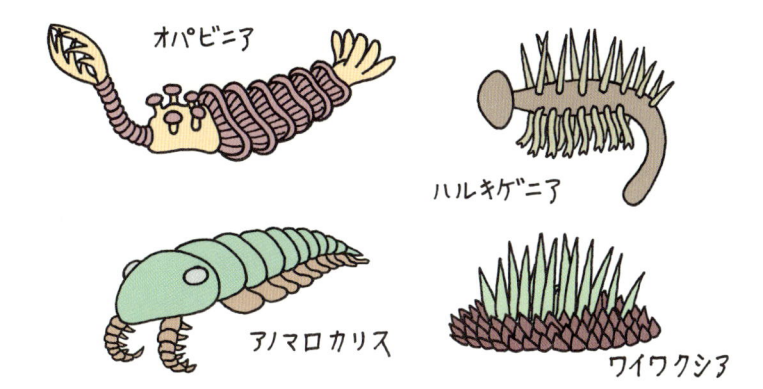

オパビニア

ハルキゲニア

アノマロカリス

ワイワクシア

このように、この時代にはいろいろな試作品を試すかのごとく、あらゆる生物が誕生し、そのほとんどが絶滅していったようです。**ほんの数千万年の間に起こったこの多様性の増大をカンブリア大爆発**と呼んでいます。その中で節足動物の祖先となった**サンヨウチュウ**や、脊椎動物の祖先と考えられる**ピカイア**などは、この中で偶然生き残り進化していくことができたのでしょう。もし、先ほどのオパビニアやハルキゲニアが生き残って進化していたら、今とはまったく異なる生物群がこの地球を支配していたかもしれません。

## 生命の歴史　超ダイジェスト版　― 古生代その２ ―

　古生代のカンブリア紀が終わり、**オルドビス紀**になると、**最初の脊椎動物である魚類が誕生**します。
　また、大気中の酸素濃度もどんどん増加し、やがて上空でオゾンとなって**オゾン層**を形成するようになります。このオゾン層がそれまで地表に到達していた有害な紫外線を吸収するようになり、いよいよ、生物が水中から陸上へ進出できる環境が整

ってきたのです。

　そして**シルル紀**に最初の陸上生物、**シダ植物**の祖先が進化します。それを追いかけるように、**昆虫**が陸上に進出し、**デボン紀**には**両生類**も誕生します。

　シルル紀に誕生したシダ植物は**石炭紀**に繁栄を極め、大型の木生のシダが大森林を形成するようになります。この**木生のシダの死骸が現在採掘されている石炭**となっているので、この時代を石炭紀と呼びます。石炭紀には、**爬虫類**の祖先も誕生し、また大型の昆虫（70cmのトンボや1m以上のムカデ）が生息していたようです。想像しただけでもゾゾッとしますね。

### 生命の歴史　超ダイジェスト版 ― 中生代 ―

　やがて古生代も終わり、**中生代**になります。中生代の最初は**三畳紀**で、ここで早くも哺乳類の祖先が誕生します。ただこの哺乳類は、赤ちゃんではなく卵を産む、卵生の哺乳類だったよ

うです（現在でも**カモノハシ**は卵生の哺乳類です）。

そして次の**ジュラ紀**には、鳥の祖先が誕生し、大型爬虫類（**恐竜**）も全盛を誇ります。次の**白亜紀**にも**恐竜はさらに種類を増やし、ますます栄えていたのに、白亜紀の終わりに突然大きな環境変化が起こって**（隕石衝突説、大規模火山噴火説、地球磁場逆転説などいろいろとあるようです）**絶滅**してしまいます。今から6500万年前のできごとです。

## 生命の歴史　超ダイジェスト版　― 新生代 ―

**いよいよ新生代を迎えます。それまで栄えていた恐竜に取って替わるように、哺乳類が進化**します。

やがてヒトの祖先も進化し、今現在に至ります。

ヒトの祖先の誕生についてもいろいろ議論が分かれるところですが、500万年前だと仮定して、地球の歴史の中でどのくらいの長さなのかを考えてみましょう。

たとえば、地球の歴史46億年を100m競争としてみましょう。

スタート地点が地球の誕生で、ゴール地点が今現在です。

すると、スタートして17mくらい走ったところで生命が誕生します。57mくらいの地点でようやく真核生物が誕生します。88mあたりで古生代が始まり、95mで中生代、98.6mで新生代が始まります。そしてヒトが誕生したのは、99.9mの地点です。ましてや人類の文明が始まるのは99.9989m！　100mのうちのたった1.1mmが人類の文明の歴史です。いかに地球の歴史の中ではほんの一瞬のできごとなのかがわかりますね。

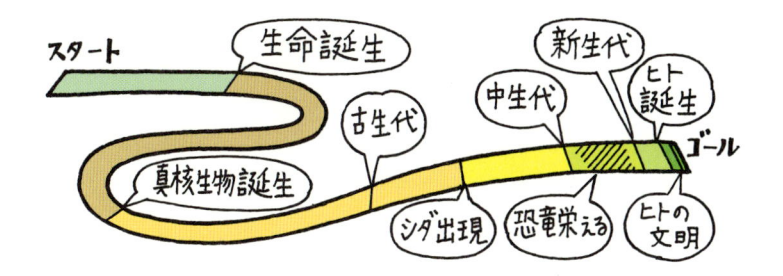

## その1の まとめ 生命史40億年

- ●先カンブリア代　40億年前：生命の誕生
  - 20億年前：真核生物出現
  - 6億年前：エディアカラ動物群
- ●古生代
  - カンブリア紀　：カンブリア大爆発
  - オルドビス紀　：魚類出現
  - シルル紀　　　：シダ植物出現
  - デボン紀　　　：両生類出現
  - 石炭紀　　　　：木生シダの大森林、爬虫類出現
  - 二畳紀　　　　：木生シダの衰退
- ●中生代
  - 三畳紀　　　　：卵生哺乳類出現
  - ジュラ紀　　　：鳥類出現、恐竜全盛
  - 白亜紀　　　　：恐竜絶滅
- ●新生代　　　　　：哺乳類の進化、ヒト出現

## その2 本当に進化したの？

### サルが進化してヒトになる？

　進化というのは非常に長い年月をかけて起こる現象なので、なかなか目の前でその姿をとらえることはできません。

　そのため、進化が本当に起こったのかどうかについて、昔から議論が闘わされてきました。今でも、「この万物の霊長(れいちょう)である人間様が、サルから進化したなんてけしからん」という考えの人も根強くおられるようです。

　でもサルからヒトが進化したというのも正しい表現ではありません。実際、今のサルをじっと見ていても、けっしてヒトには進化しません。サルとヒトとは共通の祖先から進化したというべきなのでしょう。

　でも、その共通の祖先はもういないので、やっぱりピンと来ないのが進化という現象です。

### 化石に見る進化の痕跡

　でも、進化が起こってきたことは確かな事実で、それはいろいろな学問上からも証拠があげられます。

　最もわかりやすい証拠は、化石を調べてわかる証拠です。

　たとえば、ウマの化石を年代を追って並べてみます。

　ウマの祖先は**ヒラコテリウム**と呼ばれる新生代の始めごろに

出現した動物でした。その前肢(まえあし)の指は4本あります。

次に出現した**メソヒップス**という動物は3本指、次の**メリキップス**になるとその両側の指が退化し始め、今現在のウマ（エクウスといいます）は中指1本しかもちません。

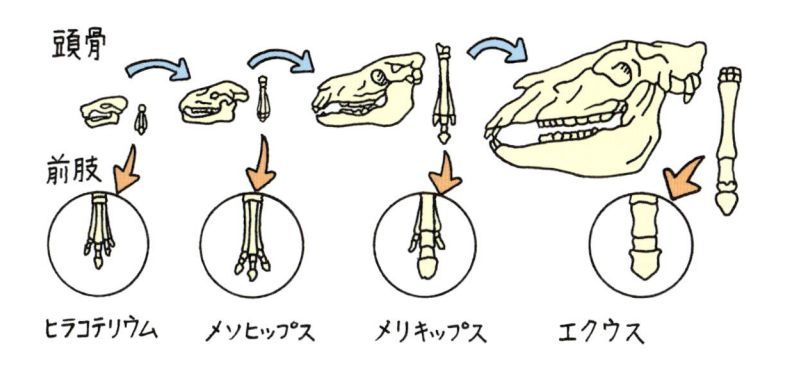

頭骨

前肢

ヒラコテリウム　メソヒップス　メリキップス　エクウス

このように、化石を並べてみると、前肢の指の数が4本→3本→1本と減少してきたことがわかります。また、体の大きさも次第に大型化していることがわかります。

これは最も確かな進化の証拠でしょう。

## 現在の生物に見る進化の痕跡❶ ― 相同器官 ―

ヒトの手とクジラのヒレ、鳥の翼などは形も働きもまったく異なる器官です。ところが、体を解剖して調べてみると、骨の数などが共通しています。これはもともと同じ前肢が、異なる環境によって違う方向に進化したためと考えられます。

このように、**異なる環境に合わせて**（**適応**(てきおう)といいます）**違っ**

た方向に進化することを**適応放散**といいます。

　先ほどの器官もこの適応放散によって異なる働きをもつ器官になったと考えられるのです。

　このように、**今現在の形や働きが違っていても、もともと同じ器官から進化したと考えられる器官を相同器官**といいます。

## 現在の生物に見る進化の痕跡❷ ― 相似器官 ―

　鳥の翼と昆虫の翅は、どちらも空を飛ぶための器官で、働きは似ています。でもその構造はまったく異なりますね。

　これは、**もともと別だった器官が似た環境に**（この場合、空を飛ぶ）**適応した結果、似た構造の器官に進化した**と考えられます。

　このような現象を **収斂** といいます。収斂の結果生じた、似た働きをもつ器官を**相似器官**といいます。

ヒトの手　クジラの胸びれ　鳥類の翼
（相同器官）

ハエ　トリ
（相似器官）

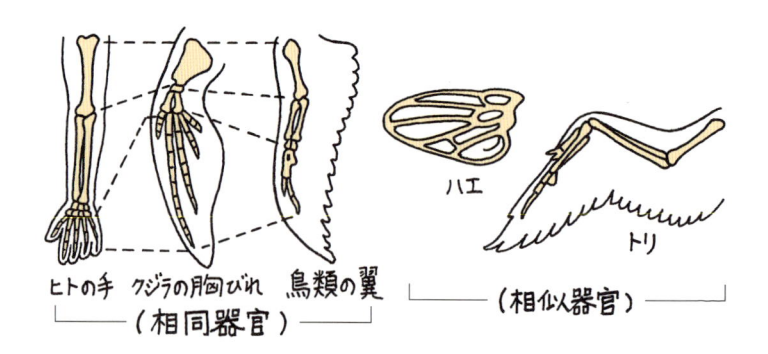

## 現在の生物に見る進化の痕跡❸ ― 痕跡器官 ―

　**今現在はほとんど働いていないのに、痕跡だけが残っている器官**があります。たとえば、ヒトの**虫垂**、**尾てい骨**、**瞬膜**、**動耳筋**などです。虫垂は盲腸炎になったときに取られてしまう部分ですが、他の動物では、消化に働く大切な器官として機能しています。ヒトでは働いていないのに一応残っています。これは昔使っていた時代があったという証拠になります。

　尾てい骨は尻尾の名残りです。ヒトの祖先にはちゃんと尻尾があったのです。瞬膜も眼球を保護する膜で、他の動物ではこの瞬膜が働いています。ヒトではまったく役に立っていないのにちゃんと残っています。動耳筋は耳を動かす筋肉で、イヌやネコも耳を動かしますね。でもヒトは耳を動かしたりしないのに、その筋肉だけが残っているのです。やはり昔はちゃんとこの筋肉を使って耳を動かしていた時代もあったのでしょうね。たまに、耳を動かしたりできる人がいるのもこの筋肉が残っているからです。

クジラの前肢はヒレとなって働いていますが、後肢(うしろあし)はまったく働いていません。でも解剖してみると、後肢の骨のセットがちゃんと残っています。クジラも昔は四つ肢の時代があったのでしょう。

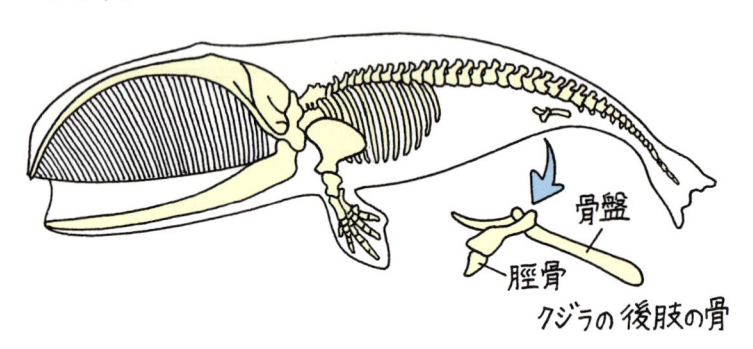

骨盤
脛骨
クジラの後肢の骨

### 発生の途中に見る進化の痕跡

生まれてくるまでの発生の途中に進化の証拠が現れることがあります。

たとえば、ヒトの発生過程のごく初期には、**エラの孔(あな)**が生じます。もちろん生まれてくるまでにはエラの孔はちゃんと閉じるので、半魚人（？）になるわけではありません。

これはヒトも昔はエラをもった生物から進化したという名残りなのです。

このように、**発生過程の途中に、進化の過程が再現される現象を****ヘッケル**という人は「**個体発生は系統発生を繰り返す**」と表現しました。系統発生というのは、進化の過程のことです。

このような現象は他にも見られます。

やはりヒトの胎児のある時期には、全身に毛が生えるのです。

最終的には毛はほとんど退化して生まれてくるので、毛むくじゃらの赤ちゃんにはなりません。これも昔は毛むくじゃらの時代があったことを再現しているのです。

また、魚類であっても爬虫類であっても哺乳類であっても、発生の初期の姿はとてもよく似ています。これも脊椎動物が同じ祖先から進化して分かれていったという証拠のひとつと考えられています。

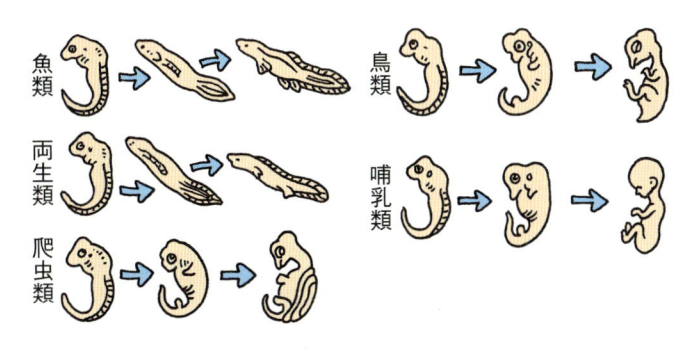

わざわざ昔の姿を発生の途中に再現するというのも、考えてみれば不思議な現象ですね。

### 中間型生物に見る進化の痕跡

あるグループと別のグループの中間的な生物（**中間型生物**）の存在も進化の証拠といえます。

**始祖鳥**は、全身が羽毛で覆われていて、翼をもち、くちばしをもつなど、鳥類の特徴をもっています。

ところが、翼には爪のある3本の指があり、くちばしには歯が生えています。現在の鳥類の翼には指など生えていませんし、くちばしの中にも歯はありません。これは、まだ爬虫類の特徴が残っているからです。

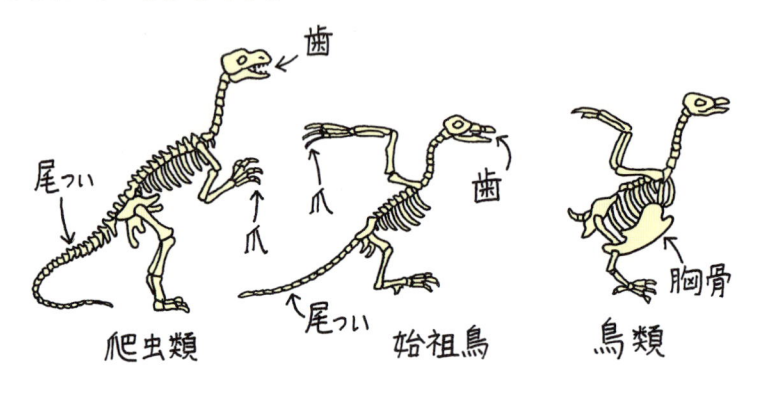

爬虫類　始祖鳥　鳥類

　**カモノハシ**は卵を産み、総排出孔（うんちもおしっこも生殖の穴も同じ穴なのです）をもつなど爬虫類の特徴ももちますが、お乳で子供を育てる、体毛をもつなど哺乳類の特徴をもっています（カモという名前がつき、くちばしのようなものをもちますが、鳥類とは関係のない動物です）。

哺乳類だけど爬虫類の特徴ももっているんだよ

　いろいろなところに進化のあとがうかがえるものですね。

### その2の まとめ 生物進化の証拠

❶ **化 石**
　例 ウマの化石では肢の指が減少、体は大型化。

❷ **現生生物の構造**
　● **相同器官**
　　現在の形や働きは異なっていても、もともと同じ器官から進化したと考えられる器官。
　　例 ヒトの手とクジラのヒレと鳥の翼
　● **相似器官**
　　現在の形や働きは似ていても、もともと別の器官から進化したと考えられる器官。
　　例 鳥の翼と昆虫の翅
　● **痕跡器官**
　　昔は使っていたが、現在では使われておらず、痕跡しか残っていない器官。
　　例 ヒトの虫垂・尾てい骨・瞬膜・動耳筋、クジラの後肢

❸ **発生の途中で起こること**
　「個体発生は系統発生を繰り返す」(ヘッケルの言葉)

❹ **中間型生物**
　例 始祖鳥:爬虫類と鳥類の両方の特徴をもつ
　　カモノハシ:爬虫類と哺乳類の両方の特徴をもつ

## その3 進化はどうやって起こるの？

### 進化論

どのようなしくみで進化が起こるのか、そのなぞはいまだ解明されていません。それゆえに本当にさまざまな説が提唱されています。

進化のひとつの例としてキリンの首がなぜあのように伸びたのかを、いろいろな説を使って説明してみましょう。

### 用・不用の説 ― ラマルク ―

生物は神が創ったという創造説が広く信じられていた時代に、**創造説に異議を唱え、進化という考え方を初めて明確にしたのはラマルク**という人です（正式な名前はジャン・バプティスト・ピエール・アントワーヌ・ド・モネー・ド・ラマルクといいます……長い！）。

『**動物哲学**』という著書の中で、彼はこの**用・不用の説**を唱えています（1809年）。

用・不用の説を一言でいえば、よく使う器官は発達し、使わない器官は退化し、それが遺伝していって進化につながるというものです。

土の中で暮らすモグラの目が退化しているのも、暗い土の中では目を使う必要がなく、使わなかったからだんだん退化した

のだ、というように説明できます。

　先ほど例にあげたキリンの首でいえば、キリンの祖先の首は短かったけれど、高い木の葉を食べようとして首を伸ばしているうちに少し首が伸び、その首が伸びた親から生まれた子供はもう少し首が長くなっていて、その子供がまた首を伸ばそうとして首がさらに伸び、より首が伸びた子供がさらに首を伸ばして……今のようなキリンが生じた、ということになります。

　比較的わかりやすい考え方ですが、その当時は創造説の強かった時代なので、ほとんど受け入れられなかったようです。

　また、今の生物学からは大きく否定される部分があります。親が首を伸ばそうとして首が伸びたとしても、それは子供には遺伝しないはずです。

　人間でもお父さんが一生懸命右手を鍛えて筋肉隆々になっても、赤ちゃんの右手が筋肉隆々にはならないはずです。

　このように、**生まれたあとで得た特徴**を**獲得形質**といいますが、これは今の生物学では遺伝しないことがわかっています。

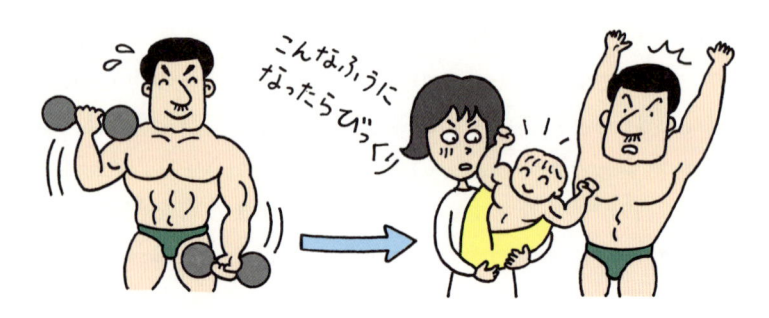

ただ、獲得形質も遺伝するのではないかという考えもまだ一部にあります。

### 自然選択説 ― ダーウィン ―

次にさらに強力な進化論をもって創造説に立ち向かったのが、**チャールズ・ダーウィン**です。

1859年にダーウィンが『種の起源』を出版するや、当時の科学の世界だけでなく宗教界にも大きな波紋を投げかけ、大反響を巻き起こしたそうです。

**自然選択説**の最も大きな柱は、**適者生存**という原理です。

個体間にわずかな違いがあり、その中で限られた資源（食べ物や棲み家など）をめぐって生存競争が起こり、その結果、環境に適したものが生き残り、その形質が子孫に広まっていくという考えです。

キリンの例であれば、まだ首の短かったキリンの祖先の中にも、少し首の長いものが混ざっていて、その中で少しでも首が長いものは高い木の葉を食べるのに有利だったので、生き残り

やすく、そこから生まれた少し首の長い子供の中にもさらに首の長いものがいて、それらが生き残り……ということが続いていって、今のキリンのように首が長くなったということです。

この適者生存、環境に適したものが選択される（自然選択）という考えは、現代の進化論でも根底に流れているくらい幅広く受け入れられています。

ただ、この考え方にしたがえば、段階的に少しずつ変化した生物の化石がもっとたくさん存在してよいはずですが、実際にはそれほど中間的な化石のさらに中間型化石というのは、あまり見つかっていません。

また、この自然選択という考え方も合理的で納得しやすい考え方ですが、実際、自然界でどの程度自然選択が働いているのかを疑問視する向きもあります。

カモシカの足が速いのを自然選択で説明すれば、肉食動物に追われて、足が遅いものは食べられてしまい、より足が速いものが生き残ったからということになるのですが、実際観察して

みると、必ずしも足が遅いものが食べられるというわけでもなく、単に逃げる方向を間違えたとか、運が悪かったという場合のほうが多いそうです。日本の今西錦司も自然選択を否定する学者のひとりです。

いずれにしても、「優れている人間だけが生きる価値がある」「優れた民族以外は淘汰されてもいいのだ」などという、適者生存の考えをネジ曲げて、国家などが悪用したりするのは危険なことです。

### 突然変異説 ―ド・フリース―

ダーウィンの時代には、遺伝に関するしくみがわかっていなかったので、ダーウィン自身もラマルクと同じように獲得形質も遺伝すると考えていたようです。

**ド・フリースは、子孫に遺伝する変異（突然変異）を発見**（1903年）**し、突然変異が起こることが進化の原因**であると考

えました。

　キリンの場合でも、少しだけ首の長いキリンがいたのではなく、あるとき突然変異によって首の長いものが生じ、それが高い木の葉を食べることに適していたので生き残ったということになります。

突然変異！

　ただ、突然変異はまったく無作為に起こり、突然変異で生じる形質が有利であることの確率はきわめて低いのも事実です。

### 定向進化説　─ アイマー、コープ ─

　**生物にはもともと一定の方向に進化する内在的なしくみがあり、それに従って一定方向に進化は起こるのだ**という考えがあります。

　実際、マンモス象の牙はどんどん長くなる方向に進化しまし

た。しかし、けっして長いことが環境に適応していたとはいいがたく、むしろその長すぎる牙が原因で絶滅したのではないかともいわれています。

　このように、たとえ環境に適さなくても一定方向に進化した例は確かにあります。でもそのしくみが、「もともとそういうしくみがあるからなのだ」というのではちょっと説明になりませんね。

　この考え方に従えば、キリンの首にはもともとキリンは首が長くなる方向に進化する内在的なしくみがあったから伸びたのだということになりますね。

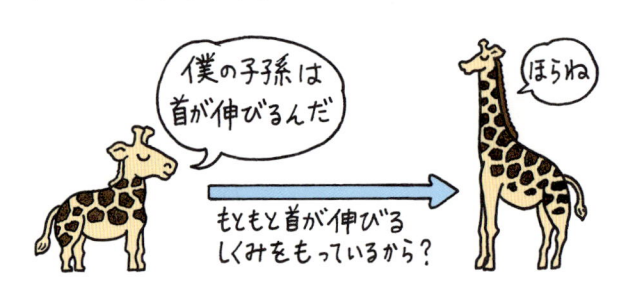

（図：子キリン「僕の子孫は首が伸びるんだ」→ 大人キリン「ほらね」　もともと首が伸びるしくみをもっているから？）

### 現代の進化論 ― 総合説 ―

　**現代の進化論は、突然変異によって新たな形質が生じ、それがもとの集団と隔離され、その中で自然選択が行なわれるという、いくつかの進化論を総合したものです。**

　確かにこの考え方でも小さな進化は説明できますが、爬虫類から鳥類への進化のような大きな進化まではなかなか説明することはできません。

キリンの首の話をもうひとつ。

キリンの首があんなに長いおかげで、キリンの脳に十分な血液を送り込むための強力な心臓が必要で、そのため非常に血圧も高くなっています。

そんなキリンが水を飲もうとして頭を下げると、血液が脳に急激に入り込み、脳溢血(のういっけつ)を起こしかねないはずです。

それを防ぐために、キリンの頸(けい)動脈に**ワンダーネット**という網目状の血管が広がっていて、血圧を分散させるしくみが発達しています。

これを総合説で説明しようとすれば、突然変異で首が伸びたキリンに同時に突然変異でワンダーネットをもったものが生じ、これが生存できたから……ということになります。

ところが不思議なことに、まだ首が長くないキリンの祖先と考えられているオカピという動物に、すでにワンダーネットが発達しているのです。首の長くないオカピにとってはワンダーネットは少しも有利に働かないはずなのに。

将来首が伸びる方向に進化することを見通して、あらかじめワンダーネットを備えていたのでしょうか？　なぞは深まるばかりです。でも、だから進化はおもしろいのでしょうね。

**その3の まとめ**

# 進化のしくみ

### ❶用・不用の説（ラマルク）
よく使う器官は発達し、使わない器官は退化し、その獲得形質が遺伝して、進化が起こるという考え方。

### ❷自然選択説（ダーウィン）
個体間に少しずつ変異があり、その中で限られた資源をめぐって生存競争が起こり、環境に適したものが生き残り、その形質を伝えていき、進化が起こるという考え。

### ❸突然変異説（ド・フリース）
遺伝する変異は突然変異だけで、この突然変異が起こることで進化が始まるという考え方。

### ❹定向進化説（アイマー、コープ）
もともと一定方向に進化するような内在的なしくみがあり、それに従って一定方向に進化するという考え方。

### ❺総合説
突然変異によってもとの集団との間に隔離が起こり、その中で自然選択が働いて進化が起こるという考え方。でもまだまだ完全に進化を説明することはできない……。

# 第10章

# 地球の一員としてのヒト
―― 環 境 ――

その1　環境ホルモンって？

その2　地球温暖化はなぜ起こるの？

その3　これからの生物学

## その1 環境ホルモンって？

### 環境ホルモン

最近**環境ホルモン**という言葉が新聞やＴＶでよく聞かれます。

ホルモンという名前から本物のホルモンと誤解されてしまいますが、ホルモンそのものではありません。

**正式には、外因性内分泌攪乱化学物質といいます。**

**すなわち、「体の外から入ってきて、内分泌（ホルモン）の作用を乱してしまう物質」というような意味です。**

ただ、定義もまだまだあいまいで、どの物質がどのように環境ホルモンとして働くのかもよくわかっていません。

現在、環境ホルモンと疑われている物質は150種類くらいあるといわれていますが、環境省では2000年に３年計画で環境ホルモンのリスト作成を開始し、現在65種類がリストアップされているようです。

代表的なものとして、**有機スズ、PCB、ダイオキシン、ビスフェノールA、ノニルフェノール、DDT、フタル酸エステル**などがあります。この中にはすでに使用禁止になったものもあればそうでないものもあります。

### 『奪われし未来』

この環境ホルモンが注目されるようになったきっかけは、１

冊の本からです。

それは、1996年にアメリカで出版された『Our Stolen Future』（日本でも1997年に『**奪われし未来**』というタイトルで翔泳社から出版）という本です。

これは、世界自然保護基金（WWF）の女性科学者であるシーア・コルボーン博士、環境問題についての女性ジャーナリストのダイアン・ダマノスキ女史、動物学者のジョン・ピーターソン・マイヤーズ氏の3人の共著です。その中にはじつにショッキングな内容が書かれていました。

子育てをしないワシの話、ペニスが異常に萎縮(いしゅく)しているワニの話、メスどうしで巣をつくるカモメの話、ヒトの精子が減少してきている話など。

これらの話がショッキングなのは、次の世代を担う活動である生殖に異常が起こっているということです。

これがまさしく「未来が奪われる」という意味なのでしょう。

### 女性ホルモン

　第6章「その3」でホルモンの話が登場しましたね。その中に、卵巣から分泌されるホルモンとして**女性ホルモン（エストラジオール）**がありました（191ページ）。女性の二次性徴を発現するなどの重要な働きをするホルモンです。

　男性の性染色体は**XY**（121ページ）で、このY染色体にある遺伝子の作用で精巣がつくられ、男性ホルモン（**テストステロン**）が分泌されます。この男性ホルモンにより、精子も正常につくられるようになります。

　しかし、胎児期に大量のエストラジオールにさらされると、男性ホルモンの作用が抑制され、生殖器官の発達が不完全になったり、精子形成にも悪影響が及ぼされるといいます。
『奪われし未来』に登場したワニのペニスの萎縮が発見されたのは、アメリカ・フロリダ州のアポプカ湖での話ですが、ここでは1980年に、近くにあった農薬工場から農薬が流出する事故があり、大量の**DDT**（殺虫剤）で湖が汚染されたようです。そこでこのDDTとペニスの萎縮との間に関係があると考えられたのです。

### 環境ホルモンの作用

　もともとホルモンは、そのホルモンとだけ結合する受容体と結合することで作用するのでしたね。
　ところが、環境ホルモンと呼ばれている物質には、このホル

モンと構造が似ていて、受容体が間違って結合してしまうことがあるようです。正しい鍵でないと開かない鍵穴が、ピッキングで開けられてしまうようなものでしょうか。

先ほど登場したDDTもエストラジオールと構造が似ていて、エストラジオールの受容体に結合してしまい、エストラジオールと同様の働きを発揮してしまうのです。

また、DDTは体内で**DDE**という物質に変化しますが、このDDEは、男性ホルモン(テストステロン)の受容体と結合し、その結果、正常な男性ホルモンの作用が抑制されてしまいます。

このように、**本来のホルモンの受容体と結合し、勝手にホルモンの作用を現したり、逆に正常なホルモンの作用を抑制したりするのが環境ホルモン**なのです。

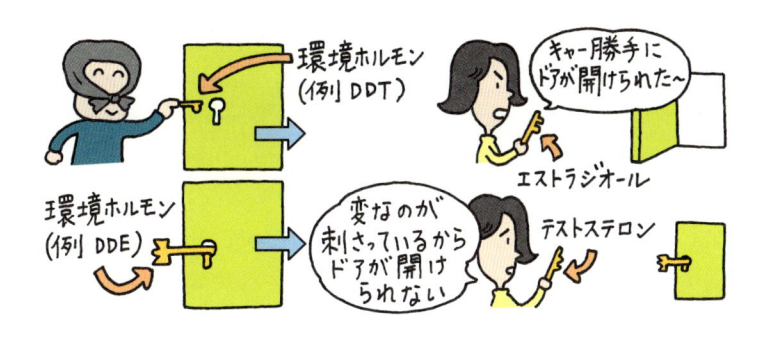

### 生物濃縮

先ほど登場したDDTは日本ではすでに1971年から使用禁止になっている殺虫剤ですが、以前は大量に使用されていました。
また、先進国では使用禁止になっていても、発展途上国では

いまだに使用されているのが現状です。

DDTは残留性の強い物質なのですが、こういった残留性のある化学物質の恐ろしさを訴えたのが**レイチェル・カーソン**の書いた**『沈黙の春』**（1964年）という名著です。

まき散らされた安定な化学物質は、いったんは薄められて低濃度になります。しかし、それを生物が取り込むと、分解されにくいため体内で濃縮され、さらにこれを他の生物が摂取して体内でさらに濃縮され、この濃縮された物質を食べた次の生物でさらに濃縮が進んでいくのです。最終的に我々ヒトが摂取するころには、最も濃縮された形で食べることになってしまうのです。

このように**生物体内で物質が濃縮されていく現象**を**生物濃縮**といいます。

ある調査では湖の底の泥から検出されたDDTは0.14ppm（**1 ppm**は100万分の1、すなわち1トンの水に1gのものが溶けた濃度）だったのが、小さなエビなどで0.41 ppm、そのエビを食べる魚で5.6 ppm、その魚を食べるカモメでは99.0 ppmと、湖底の泥の700倍以上に濃縮されていたそうです。

また、**PCB**（ポリ塩化ビフェニール）も環境ホルモンではないかと疑われている物質ですが、不燃性で熱に強く、絶縁性にも優れているため、電気部品の電気用絶縁油として多く使われてきた物質です（今では製造も使用も禁止されています）。

アメリカのオンタリオ湖での調査では、水中の微生物のPCB濃度を1とすると、それらを取り込む動物プランクトンでは500倍に、動物プランクトンを食べるエビ類では4万5000倍、

それを食べる小魚で83万5000倍、それを食べる大型魚で280万倍、さらにそれを食べる鳥ではじつに2500万倍に濃縮されていたそうです。

これが生物濃縮の恐ろしいところです。

単に水質検査をして基準値以下だ、と思ってもこのような食う・食われるの関係（**食物連鎖**）を通じて非常に高濃度に濃縮されてしまうのです。

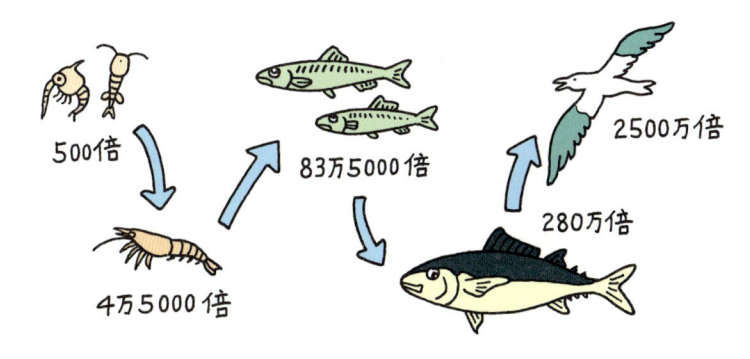

500倍
4万5000倍
83万5000倍
280万倍
2500万倍

### ダイオキシン

**人工的につくられた物質としては史上最悪の毒性をもつ**といわれるのが**ダイオキシン**です。

**ダイオキシンはポリ塩化ジベンゾパラダイオキシンの略称で、何種類かの物質の総称です**。その中で最も毒性が強いのが、**2、3、7、8－四塩化ジオキシン**（**TCDD**）という物質です。

これは、よくサスペンスでも登場する有名な毒物の**青酸カリ**のなんと1万倍以上の毒性をもちます。

このダイオキシンが、環境ホルモンとしての作用ももっているのです。
　すなわち死に至るような毒性だけでなく、ホルモン作用を攪乱する作用ももっているのです。
　このダイオキシンを餌に加えてサルに与える実験を行なったところ、子宮内膜症の発症率が正常なものの2倍以上になったという報告があったことから、最近増加している子宮内膜症と環境ホルモンの因果関係が注目されています。
　ダイオキシンにはこれ以外にも、先ほどのPCBとともに甲状腺ホルモン（**チロキシン**）の濃度を低下させてしまう働きもあるようです。
　チロキシンは、正常な脳の発達に不可欠なホルモンで、胎児や乳児の時期にチロキシンが不足すると、学習能力の低下などが起こるといわれます。
　これ以外にも、ネズミの胎児期に**ビスフェノールA**という物質（これも環境ホルモンと考えられる物質で、女性ホルモンに似た作用も現す）を与えると、生まれてから精神不安定の症状を起こし、学習能力にも影響があったという研究もあります。
　最初は生殖などだけに影響すると思われていた環境ホルモンですが、どうやらそれだけではとどまらないようです。

### 環境ホルモンは超微量で働く

　もともとホルモンは微量で働くのが特徴です。環境ホルモンにも同じ特徴があります。

日本で環境ホルモンの調査が始まったころ話題になったのが、**イボニシ**という巻き貝の雌にペニスが生える現象です。

　この原因と考えられるのが、**トリブチルスズ（TBT）**という**有機スズ化合物**です。

　これは、船底や魚網に生物が付着するのを防ぐための塗料として使われてきた物質です。

　ある実験ではイボニシにわずか**1ppt**の濃度の有機スズを与えただけで正常な雌にペニスが生えたといいます。

　**1ppmが100万分の1という濃度なのに対して、1pptは1兆分の1という非常に薄い濃度です。**

　1兆分の1といってもピンと来ませんね。

　1トンの水に1gの物質を溶かしたのが1ppmでしたが、1pptは100万トンの水に1gの物質を溶かした濃度になります。縦500m、横20m、深さ10mという巨大プールに目薬を1滴垂らしたくらいの濃度といえば、その微量さがわかってもらえると思います。

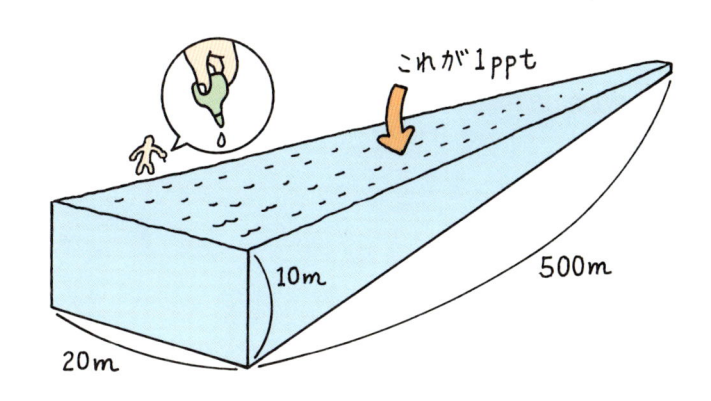

> **その1のまとめ**

# 環境ホルモンとその影響

### ❶環境ホルモン

正式名称：外因性内分泌攪乱化学物質

環境ホルモンと考えられている物質

例 有機スズ、PCB、ダイオキシン、ビスフェノールA、ノニルフェノール、DDT、フタル酸エステル

### ❷環境ホルモンの作用

本物のホルモンと同じように受容体に結合して、ホルモンとよく似た働きを現すものや、本物のホルモンの作用や分泌を抑制してしまうものなどがある。

### ❸生物濃縮

化学的に安定な物質は、生物に取り込まれても分解されにくく、蓄積していく。食物連鎖の過程でさらに濃縮が進んでいく。

### ❹微量に含まれる物質を表す単位

- 1 ppm＝100万分の1
  （1トンの水に1gを溶かした濃度）
- 1 ppt＝1兆分の1
  （100万トンの水に1g溶かした濃度）

## その2 地球温暖化はなぜ起こるの?

### 地球温暖化

　環境問題のひとつとして、環境ホルモンと同様、**地球温暖化**という言葉もよく耳にします。

　地球は本当に温暖化しているのでしょうか？

　確かに、記録を見ていくと、過去最高、観測史上最高といったことがここ十数年で頻繁に起こっています。実際、年々夏の暑さも厳しくなっているような気もしますね。

　長期的に見てもこの100年間で平均気温は0.6℃上昇しています。**特に1970年代後半から温暖化の傾向は著しくなっているようです。そして今後100年でさらに平均気温が1.8℃〜3.8℃上昇すると予想されています。**

　こう書くと、「な〜んだ、たかが3℃くらいか……」と感じるかもしれませんね。

　でもこの温度変化の急激さは地球の歴史にとっても異例なことなのです。

　約1万年前にあった氷河期の平均気温は、現在よりわずか5℃低いだけだったのです。そして1万年かけて5℃上昇したわけです。

　それから比べると、100年や200年での3℃の上昇がいかに異常な現象であるかがわかります。

### 温室効果

　この**地球温暖化の原因**となっているのが、**二酸化炭素**などによる**温室効果**です。

　地球の気温は、地表が受ける太陽エネルギーと、地表から放射されるエネルギーの量によって決まります。

　すなわち、地表に到達したエネルギーはまた宇宙へと放出されるのですが、このとき二酸化炭素などの気体によって、放出されるエネルギーの一部が地球にとどめられるのです。

　これが温室効果です。

　もしこのような温室効果がなければ地表の温度は－18℃になってしまうそうです。

　地球の温度を保つためにこの温室効果はとても大切です。

　ところが、二酸化炭素など、温室効果の働きのある気体がどんどん増えてしまうと、温暖化を促進してしまうことになるのです。

温室効果 　　　一部吸収

### 温室効果ガス

　温室効果の働きがある気体の代表選手が**二酸化炭素**です。

　過去の二酸化炭素の濃度は南極大陸の氷を調べることでわかります。

　氷が固まるとき、周囲の空気も閉じ込めてしまうので、その氷ができた時代の空気の組成がわかるのです。それによると、過去16万年前から二酸化炭素の濃度は0.03％を大きく超えることがなかったのに、この50年間で0.036％に上昇していることがわかりました。

　また、1958年から始まったハワイのマウナロア観測所での二酸化炭素濃度の測定によると、1958年には0.0315％だったのが、季節による変動はあるものの、着実に増加しているのがわかります。

　もちろんこれは人間による**化石燃料**（石油・石炭）の燃焼や大規模な**森林伐採**などによります。

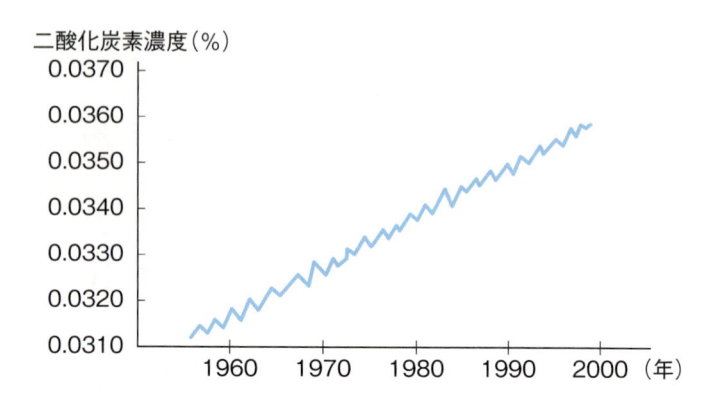

二酸化炭素濃度(%)

　二酸化炭素以外にも**メタン、フロン**なども温室効果のある気体です。特にフロンは人工的につくられた非常に安定な物質で、このあとに出てくる**オゾンホール**の原因にもなる物質です。

### エルニーニョ現象

　**南米ペルー沖で海面温度が平均より0.5℃高くなる現象をエルニーニョ現象**と呼びます。

　これは、温められた海水のかたまりが、南米ペルー沖に移動してくるために起こります。

　普通であれば栄養分をたくさん含んだ海水が水面の方へ湧き上がり、プランクトンも増殖するのですが、エルニーニョが起こると、海水の湧き上がりが起こらず、漁業に大きなダメージを与えます。

　でもエルニーニョの影響はそれだけではありません。

　暖かい水のあるところでは雨が多くなります。この暖水の移

動により、各地で大雨や逆に干ばつなどの**異常気象**が起こり、農業にも大きな被害をもたらします。

こうした**海面温度の上昇も、地球温暖化と無関係ではありません**。

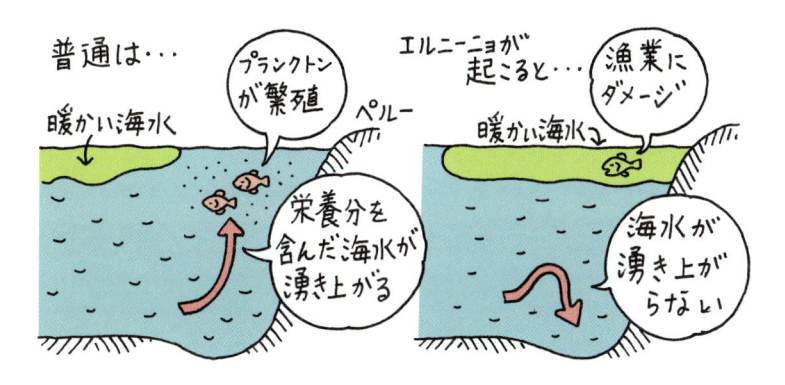

普通は…
暖かい海水
プランクトンが繁殖
栄養分を含んだ海水が湧き上がる
ペルー

エルニーニョが起こると…
漁業にダメージ
暖かい海水
海水が湧き上がらない

## 海面上昇

**温暖化によって最も懸念される現象が、南極大陸などの氷が融けて起こる海面上昇**でしょう。

南極大陸に設けられた各国の基地の測定ではこの50年間に南極大陸の平均気温は2.0℃～2.5℃も上昇しているそうです。

地球全体の平均気温が100年間で0.6℃上昇だったわけですから、この南極大陸での気温の上昇はとても異常です。

そうした温度上昇により、南極大陸周辺の海氷の4分の1が消滅しているそうです。

氷が融け出す現象は南極大陸にかぎりません。エベレスト最大の氷河が30年間で270mも後退したという報告もあります。

アルプスの氷河も150年前の半分にまで減少したそうです。

　こうして氷が融け出して、海面が上昇する現象はすでに起こっていて、南太平洋の小さな島では水没の危機に備えて移住計画も進んでいます。

　海面が30cm上昇しただけで日本の6割の砂浜は海に沈んでしまう計算になります。地球上の氷がすべて融けてしまうと、海面は80mも上昇するそうです。そうなると海岸近くのすべての都市は水没してしまいます……。

　これ以外にも、もともとは熱帯にしかいなかった虫などが、生息場所を広げ、その結果生態系が崩れたり、その虫が媒介する病気が発生したりといったことも起こってくると予想されています。

### オゾンホール

「進化」のところでも登場したように、何億年もかかって上空に**オゾン層**がつくられました。

　このオゾン層が形成されたおかげで、有害な**紫外線**が遮断され、陸上でも生物が生活できる環境ができあがったのでした。

　ところがその大切な大切な**オゾンが破壊され、オゾン層にぽっかりと穴が開いたようになってしまうオゾンホール**が1970年代の終わりごろから発見され出しました。

　1999年には日本の面積の約70倍もの大きさのオゾンホールが、また2001年には北アメリカ大陸と同じくらいの大きさのオゾンホールが出現しています。

主に南極大陸の上空で出現するのですが、最近では北極上空でも、また規模は小さくてもいたるところでオゾン層はほころびをつくっています。

　その原因が**フロン**です。**フロンは空気中に放出されてもほとんど変化せず、成層圏にまで達します。ここでフロンは強い紫外線によって分解されて塩素原子を放出します。この塩素原子がオゾンを破壊**してしまうのです。

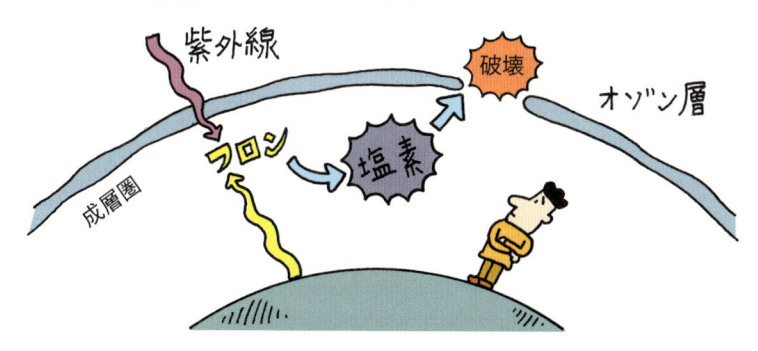

　オゾン層が破壊されれば、それまでシャットアウトされていた有害な紫外線が地表に到達するようになります。

　紫外線にはその波長の長さからUV－A、UV－B、UV－Cの3種類があります。最も危険性の高いのはUV－Cですが、これはオゾン層だけでなく酸素によっても吸収されてしまうので、地表にはほとんど届きません。オゾン層が破壊されて地表に降り注ぐ量が増え、生物に悪影響を及ぼすと考えられるのは**UV－B**です。

　こういった紫外線は、遺伝子の本体である**DNA**を傷つけてしまうので、その結果**皮膚ガン**の発生率が上昇するといわれています。

**その2のまとめ**

## 地球温暖化とその影響

### ❶ 地球温暖化
　過去100年で平均気温は0.6℃上昇した。今後100年で平均気温は1.8℃〜3.8℃上昇すると予想される。

### ❷ 温室効果
　二酸化炭素、フロン、メタンなどの気体によって、地表から放出される熱エネルギーの一部が吸収される。
　しかし、これらの気体の増加により、温室効果が高まり、地球温暖化を促進してしまっている。

### ❸ 地球温暖化の影響
　海面温度上昇による漁業へのダメージ、異常気象による農業へのダメージ、南極大陸や氷河の氷が融けることによる海面上昇、熱帯地方特有の病気が他地域で発生するなど。

### ❹ オゾンホール
　成層圏にあるオゾン層の一部が破壊されて生じた穴の開いたような状態。その結果、有害な紫外線（UV−B）が地表に到達する量が増加し、紫外線による皮膚ガンの発生などが懸念されている。

## その3 これからの生物学

### 生態系のバランス

潮間帯（海岸の潮が満ちたり干いたりするあたり）にはさまざまな生物が生活しています。ヒトデやフジツボ、カメノテ、いろいろな貝（イガイ、ヒザラガイ、カサガイなど）藻類などが岩に付着しています。この生態系の生産者（光合成などを行なってみずから有機物を合成する生物）は植物プランクトンと海藻で、植物プランクトンは動物プランクトンやフジツボ、イガイ、カメノテなどに食べられます。海藻はヒザラガイやカサガイに食べられます。これらを食べるのがヒトデです。

ヒトデは、特にフジツボに次いでイガイをよく食べます。

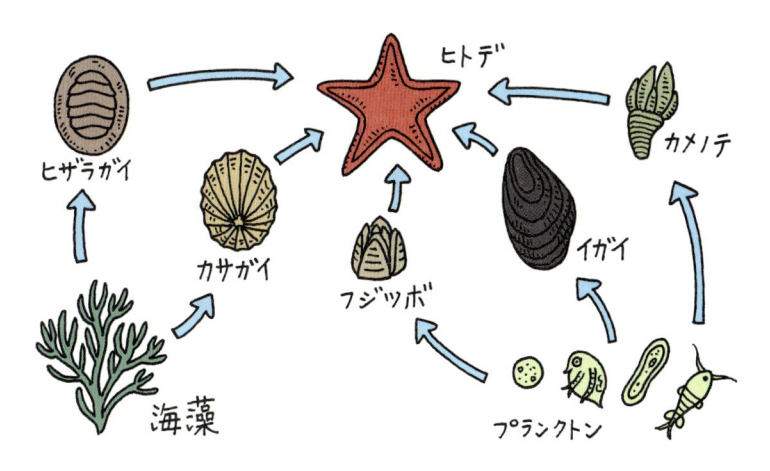

これらのように直接あるいは間接的に生産者に依存して生きている生物が**消費者**です。

　ではそのヒトデを除いてしまうと、どうなるでしょう。

　実際そのような実験が行なわれました。

　ヒトデを除去すると、そのヒトデによく食べられていたフジツボが天敵がいなくなったので増えます。ところがイガイやカメノテが増え始めると、フジツボは付着する場所を奪われて姿を消し、続いてカメノテもイガイに付着する場所を奪われて姿を消しました。

　海藻はフジツボやカメノテを足場としているので、フジツボやカメノテがいなくなると海藻も生育できなくなりました。

　さらに、その海藻を餌としていたカサガイやヒザラガイも姿を消してしまい、イガイだけが増殖する単純な生態系になってしまったということです。

　このように、**たった1種類の生物がいなくなっただけで、生態系は大きく崩れ単純化してしまうのです。**

### 生物の多様性

　生態系は多くの**生産者**、多くの**消費者**、そして死骸を分解してくれる**分解者**によって成り立っています。

　そのような生態系は、多くの種類の生物によって安定したバランスを保っているのです。

　単純化した生態系、たとえば田や畑は、環境の変化の影響を非常に受けやすい不安定な生態系なのです。

　この生態系の安定に欠かせない**生物の多様性**が、どんどん崩されようとしています。

### 絶　滅

　**現在では少なく見積もっても1年で1000種もの生物が絶滅している**といわれます。

「**絶滅**」と聞くと、あの**中生代**の終わり、恐竜たちの絶滅を思い出すかもしれませんね。

　でもあのときの絶滅も、けっしてある日突然に起こったのではなく、200万年もの時間をかけての絶滅だったのです。すなわち中生代の終わりにあった絶滅のときでさえ、1年で数種ずつの絶滅だったのです。

　このままのペースでいくと、あと数十年間で、全生物種の4分の1が絶滅するという計算もあります。

　そのような、恐竜時代を終わらせた以上の速いペースで絶滅を引き起こしている原因は、すべて我々人間にあるのです。

地球上のたった1種類の生物によって全生物の4分の1が絶滅しようとしているのです。

　かといって、安易な方法で人為的に保護しようとするのも、先ほどのヒトデの例で見たように、かえって生態系のバランスを崩してしまいかねません。

　そのためにも、生物について、深く正確に知る必要があるのです。

中生代の終わり
200万年かかって恐竜は絶滅

現代
1年で1000種もの生物が絶滅している

### これからの生物学

　生物学も、昔のようなただ単に生物の特徴を調べるような博物学的なものから、物理学や化学まで動員し、生命の根源にまで迫ろうとする生命科学へと発展してきました。

　そして、神の領域と思われていた、生殖の領域をも支配しようとしています。

また、最後まで解明できないなぞの領域だと思われていた脳の機能についても研究が進んでいます。

　ひとたび動き出した技術は、そう簡単には止められません。**クローン技術**や**遺伝子組換え技術**の行き着く先が特定の目的をもった人体改造になる危険性は十分あります。

　脳の機能の解明も、ひとつ間違えば人工的に心を支配することにもつながります。

　物理学や化学の進歩も、便利で裕福な暮らしを実現した一方で、原爆や有害物質などを生み出してしまいました。

　**生物学も、人類への貢献というその裏に、今までの代償程度では済まない非常に大きな危険をはらんでいます。**

### 最後に

　**科学が特定の人間や特定の企業、特定の国の利益や都合によって悪用されてきた過ちを生物学が許してしまっては、今度こそ取り返しのつかない事態になる危険性があります。**

　ヒトゲノムの解析も一段落し、さらに次の段階へと生物学は進もうとしています。

　生物学が「人類の幸福のために」という名目のもと、勝手に暴走しないように、つねにそれらのニュースに関心をもって見ていく必要があると思います。

　もう「**生物学なんて興味ないや**」といっていられる時代ではないのです。あなたとその子孫、そしてあらゆる**生物**のためにも。

| その3の まとめ | **明日のために** |

### ❶生態系

多種多様な生産者、消費者、分解者などが存在するからこそ安定に保つことができる。

安易に手を差し延べることはかえって生態系を崩すことにもなりうる。

### ❷絶滅のスピード

今現在、1年で1000種ずつが絶滅している。中生代の終わりでも1年で数種ずつの絶滅だったのに。

### ❸これからの生物学

ヒトゲノム解析も一段落し、次の段階へ進もうとしている。遺伝子操作、生命操作、脳の機能解明と、生物学はいわゆる「神の領域」までも支配しようとしている。

大きな貢献の裏で、今までにない大きな危険もはらむ。

### ❹我々にできること

生物学が誤った方向に進まないよう、つねに生物に関するニュースに関心をもち、生物学のゆくえを見守っていこう。

わっ！見られてる

しっかり見てるよ！

# さくいん

## あ行

Rh式 ··················· 120
RNA ··················· 147
iPS細胞 ················· 95
アセチルコリン ············ 198
アデニン ·················· 59
アドレナリン ·············· 188
アブシシン酸 ·············· 243
アミラーゼ ················· 44
アルコール発酵 ············· 56
アレルギー ················ 180
アレルゲン ················ 180
アントシアン ··············· 27
ES細胞 ··················· 93
異質二重膜 ················· 70
異常気象 ················· 289
遺伝子 ··············· 86, 139
遺伝子組換え ·············· 156
遺伝子組換え技術 ·········· 297
遺伝子突然変異 ············ 131
インスリン ··········· 185, 212
ウイルス ·················· 19
ウシ海綿状脳症 ············ 100
運動神経 ················· 201
運動野 ··················· 209
運搬RNA ················· 149
AIDS ··················· 173
栄養生殖 ·················· 76
ATP ·················· 23, 59
ABO式血液型 ············· 117
液胞 ····················· 27
エストラジオール ······ 191, 278
エチレン ················· 242
X染色体 ················· 121
エディアカラ動物群 ········· 252

エルニーニョ現象 ·········· 288
塩基 ···················· 138
延髄 ··············· 204, 208
横紋筋 ···················· 33
オーキシン ················ 240
オゾン層 ············ 254, 290
オゾンホール ·············· 288
オルドビス紀 ·············· 254
温室効果 ················· 286

## か行

外因性内分泌攪乱化学物質 ··· 276
階級維持フェロモン ········· 224
外呼吸 ···················· 53
解糖 ····················· 55
海馬 ···················· 211
化学合成 ············· 70, 251
化学進化 ················· 249
核 ······················· 21
核酸 ····················· 17
獲得形質 ················· 267
過酸化水素 ················ 29
カタラーゼ ················· 29
鎌状赤血球症 ·············· 131
カルビン・ベンソン回路 ······· 67
カロテン ·················· 64
感覚神経 ················· 201
感覚野 ·············· 204, 209
環境ホルモン ·············· 276
肝臓 ···················· 185
間脳 ··············· 204, 208
カンブリア紀 ·············· 253
カンブリア大爆発 ··········· 254
記憶細胞 ················· 176
記憶中枢 ················· 212
帰化植物 ················· 244

299

| | |
|---|---|
| キサントフィル | 64 |
| 基質特異性 | 44 |
| 擬態 | 231 |
| 恐竜 | 256 |
| 凝固因子 | 166 |
| 凝集原 | 181 |
| 凝集素 | 181 |
| 共生 | 226 |
| 胸腺 | 179 |
| 拒絶反応 | 178 |
| 筋繊維 | 33 |
| 筋紡錘 | 203 |
| クエン酸回路 | 58 |
| 屈性 | 238 |
| クラインフェルター症候群 | 132 |
| グリア細胞 | 198 |
| グリコーゲン | 187 |
| グルカゴン | 187 |
| クローン | 89 |
| クローン技術 | 297 |
| クロロフィル | 24, 64 |
| 傾性 | 238 |
| 警報フェロモン | 224 |
| 血液凝固 | 166 |
| 血漿 | 164 |
| 血小板 | 164 |
| 血清 | 168 |
| 血餅 | 167 |
| 解毒 | 25 |
| ゲノム | 140 |
| 原核生物 | 38, 251 |
| 減数分裂 | 110 |
| コアセルベート | 248 |
| 交感神経 | 205 |
| 好気呼吸 | 24, 58, 251 |
| 抗原 | 174 |
| 抗原抗体反応 | 174 |
| 光合成 | 63 |
| 光周性 | 243 |
| 恒常性 | 191 |
| 甲状腺 | 188 |
| 酵素 | 17, 42 |
| 抗体 | 174 |
| 好中球 | 169 |
| 後頭葉 | 209 |
| 興奮 | 195 |
| 呼吸 | 53 |
| 古生代 | 253 |
| 骨細胞 | 36 |
| 骨髄 | 35 |
| コドン | 149 |
| ゴルジ体 | 26 |
| コルチヒン | 133 |
| 痕跡器官 | 261 |

## さ行

| | |
|---|---|
| 最適温度 | 46 |
| サイトカイニン | 243 |
| 細胞 | 17 |
| 細胞質 | 22 |
| 細胞小器官 | 21 |
| 細胞性免疫 | 174 |
| 細胞体 | 194 |
| 細胞壁 | 29 |
| 三畳紀 | 255 |
| 紫外線 | 290 |
| 軸索 | 194 |
| ジグザグダンス | 222 |
| 自己複製 | 17 |
| 視床下部 | 212 |
| 自然選択説 | 268 |
| 始祖鳥 | 263 |
| 膝蓋腱反射 | 202 |
| シナプス | 196 |
| ジベレリン | 241 |
| 集合フェロモン | 224 |

| 収斂 | 260 |
|---|---|
| 樹状突起 | 194 |
| 受精卵 | 84, 106 |
| 出芽 | 75 |
| 『種の起源』 | 268 |
| 受容体 | 185 |
| ジュラ紀 | 256 |
| 瞬膜 | 261 |
| 消化 | 47 |
| 常染色体 | 121, 132 |
| 小脳 | 208, 213 |
| 消費者 | 294 |
| 小胞体 | 25 |
| 触媒作用 | 43 |
| 食物連鎖 | 281 |
| 自律神経 | 205, 212 |
| シルル紀 | 255 |
| 真核生物 | 37, 251 |
| 神経細胞 | 32 |
| 神経伝達物質 | 197 |
| 信号刺激 | 220 |
| 新生代 | 256 |
| 新皮質 | 209 |
| 森林伐採 | 287 |
| 髄質 | 208 |
| 髄鞘 | 194 |
| 膵臓 | 185 |
| 水素伝達系 | 58 |
| ステロイド | 191 |
| ストロマ | 67 |
| 制限酵素 | 158 |
| 生産者 | 295 |
| 精子 | 32 |
| 静止電位 | 195 |
| 性染色体 | 121 |
| 成層圏 | 291 |
| 性フェロモン | 223 |
| 生物濃縮 | 280 |
| 脊髄 | 201 |
| 石炭紀 | 255 |
| 赤緑色覚異常 | 124 |
| 赤血球 | 35 |
| セルロース | 228 |
| 先カンブリア時代 | 252 |
| 染色体 | 21, 106, 138 |
| 染色体突然変異 | 131 |
| 前頭葉 | 209 |
| 造血幹細胞 | 35 |
| 相似器官 | 260 |
| 相同器官 | 260 |
| 相同染色体 | 107 |
| 相利共生 | 226 |
| 側芽 | 240 |
| 側頭葉 | 209, 212 |

### た行

| ターナー症候群 | 132 |
|---|---|
| 体液性免疫 | 173 |
| ダイオキシン | 281 |
| 代謝 | 17 |
| 帯状回 | 211 |
| 体性神経 | 201 |
| 大脳 | 208 |
| 大脳辺縁系 | 209 |
| 対立遺伝子 | 107 |
| ダウン症 | 132 |
| 脱炭酸酵素 | 50, 56 |
| 単為生殖 | 79 |
| 短日植物 | 243 |
| 地球温暖化 | 285 |
| 窒素固定 | 229 |
| 中隔核 | 211 |
| 中間型生物 | 263 |
| 中心体 | 29 |
| 虫垂 | 261 |
| 中枢神経 | 201 |

| | |
|---|---|
| 中性植物 | 244 |
| 中生代 | 255, 295 |
| 中脳 | 208 |
| 頂芽 | 240 |
| 頂芽優勢 | 240 |
| 長日植物 | 244 |
| チラコイド | 66 |
| チロキシン | 188, 282 |
| チロシナーゼ | 51 |
| DNA | 22, 86, 106, 138, 145, 291 |
| DNA リガーゼ | 158 |
| TCDD | 281 |
| $T_2$ ファージ | 97 |
| DDE | 279 |
| DDT | 278 |
| TBT | 283 |
| 定向進化説 | 271 |
| デオキシリボ核酸 | 147 |
| 適応 | 259 |
| 適応放散 | 260 |
| 適者生存 | 268 |
| テストステロン | 191, 278 |
| デボン紀 | 255 |
| 電子伝達系 | 58 |
| 転写 | 148 |
| 伝達 | 197 |
| 伝導 | 196 |
| 伝令 RNA | 148 |
| 動耳筋 | 261 |
| 糖質コルチコイド | 191 |
| 頭頂葉 | 209 |
| 糖尿病 | 188 |
| 『動物哲学』 | 266 |
| 突然変異 | 131 |
| 突然変異説 | 270 |
| トランスファー RNA | 149 |
| トリプシン | 48 |
| トリプチルスズ | 283 |
| トロンビン | 166 |

### な行

| | |
|---|---|
| 内呼吸 | 53 |
| 内部細胞塊 | 95 |
| 内分泌腺 | 185 |
| 二重らせん構造 | 145 |
| 乳酸 | 54 |
| 乳酸発酵 | 55 |
| ニューロン | 33, 194 |
| ヌクレオチド | 138 |
| 熱水噴出孔 | 250 |
| 脳 | 201, 208 |
| 脳下垂体 | 213 |
| 脳下垂体前葉 | 189 |
| 脳幹 | 212 |
| 脳弓 | 211 |
| 脳溝 | 208 |
| ノニルフェノール | 276 |
| 乗換え | 130 |
| ノルアドレナリン | 198 |

### は行

| | |
|---|---|
| 配偶子 | 78, 128 |
| 胚性幹細胞 | 94 |
| 胚盤胞 | 85 |
| 白亜紀 | 256 |
| 麦芽糖 | 47 |
| バクテリオファージ | 97 |
| 8の字ダンス | 216 |
| 白血球 | 35, 169 |
| 発光遺伝子 | 156 |
| 反射 | 202 |
| 伴性遺伝 | 125 |
| 万能細胞 | 93 |
| BSE | 100 |
| PCB | 280 |
| ビスフェノール A | 282 |

| | |
|---|---|
| 尾てい骨 | 261 |
| ヒトゲノム計画 | 142 |
| 皮膚ガン | 291 |
| ピルビン酸 | 54 |
| フィードバック調節 | 190 |
| フィブリン | 166 |
| フェロモン | 223 |
| 不完全優性 | 117 |
| 副交感神経 | 205 |
| 副腎髄質 | 187 |
| 副腎皮質 | 191 |
| フタル酸エステル | 276 |
| 腐敗 | 57 |
| プラスミド | 158 |
| プリオン | 100 |
| フロン | 288, 291 |
| 分化 | 86 |
| 分解者 | 295 |
| 分裂 | 74 |
| 平滑筋 | 34 |
| ベイツ擬態 | 233 |
| ペプシン | 44 |
| ペプチターゼ | 48 |
| ヘモグロビン | 35 |
| ペルオキシソーム | 28 |
| 変性 | 45 |
| 変態 | 188 |
| 扁桃核 | 211 |
| 片利共生 | 230 |
| 保因者 | 125 |
| 胞子 | 77 |
| 胞胚 | 85 |
| ホメオスタシス | 191 |
| ホルモン | 185, 240 |
| 翻訳 | 150 |

### ま行

| | |
|---|---|
| マクロファージ | 173 |
| 末梢神経 | 201 |
| マルターゼ | 47 |
| 道しるべフェロモン | 224 |
| ミトコンドリア | 22 |
| ミュラー擬態 | 232 |
| 無性生殖 | 78 |
| メタン | 288 |
| メッセンジャー RNA | 148 |
| 免疫 | 173 |

### や行

| | |
|---|---|
| 山中伸弥 | 95 |
| 優性遺伝子 | 108 |
| 優性形質 | 108 |
| 有性生殖 | 78 |
| 遊走子 | 77 |
| 用・不用の説 | 266 |
| 葉緑体 | 24 |

### ら行

| | |
|---|---|
| ラマルク | 266 |
| 卵割 | 85 |
| ランゲルハンス島 | 186 |
| 卵細胞 | 31 |
| ラン藻 | 38, 251 |
| リソソーム | 28 |
| リパーゼ | 48 |
| リボース | 59 |
| リボ核酸 | 147 |
| リボソーム | 25 |
| 劣性遺伝子 | 108 |
| 劣性形質 | 108 |
| 連合野 | 209 |

### わ行

| | |
|---|---|
| Y 染色体 | 121 |
| ワクチン | 177 |
| ワンダーネット | 273 |

〔著者紹介〕

**大森 徹**（おおもり とおる）
駿台予備学校生物科専任講師。

通常授業（京都、大阪、神戸の駿台の校舎に出講）以外にも、教材・模擬試験作成にかかわり、衛星放送による講座も担当する、超多忙の人気講師。複雑な生命現象を、わかりやすく、楽しく学ばせる授業が大人気を博している。

著書に、学習参考書として『大森徹の生物 遺伝問題の解法 新装改訂版』（旺文社）、『大森徹の最強講義117講』（文英堂）、『理系標準問題集 生物』（駿台文庫）などがある。

---

カラー版　忘れてしまった高校の生物を復習する本（検印省略）

2011年7月6日　第1刷発行
2019年5月10日　第9刷発行

著　者　大森　徹（おおもり　とおる）
発行者　川金　正法

発　行　株式会社KADOKAWA
　　　　〒102-8177　東京都千代田区富士見2-13-3
　　　　03-3238-8521（カスタマーサポート）
　　　　http://www.kadokawa.co.jp/

落丁・乱丁本はご面倒でも、下記KADOKAWA読者係にお送りください。
送料は小社負担でお取り替えいたします。
古書店で購入したものについては、お取り替えできません。
電話049-259-1100（9：00～17：00／土日、祝日、年末年始を除く）
〒354-0041　埼玉県入間郡三芳町藤久保550-1

DTP／フォレスト　印刷／加藤文明社　製本／鶴亀製本

©2011 Toru Omori, Printed in Japan.
ISBN978-4-04-602879-2　C2045

本書の無断複製（コピー、スキャン、デジタル化等）並びに無断複製物の譲渡及び配信は、著作権法上での例外を除き禁じられています。また、本書を代行業者などの第三者に依頼して複製する行為は、たとえ個人や家庭内での利用であっても一切認められておりません。